우리 아이 일기예보
오늘도 맑음

우리 아이 일기예보 오늘도 맑음

초판 1쇄 발행 | 2018년 4월 2일

지은이 | 황수빈
펴낸이 | 공상숙
펴낸곳 | 마음세상

주 소 | 경기도 파주시 한빛로 70 507-204

신고번호 | 제406-2011-000024호
신고일자 | 2011년 3월 7일

ISBN | 979-11-5636-236-4 (03590)

원고 투고 | maumsesang@nate.com

ⓒ황수빈, 2018

* 값 13,200원

* 마음세상은 삶의 감동을 이끌어내는 진솔한 책을 발간하고 있습니다. 참신한 원고가 준비되셨다면 망설이지 마시고 연락주세요.

국립중앙도서관 출판예정도서목록(CIP)

우리 아이 일기예보 오늘도 맑음 / 지은이: 황수빈. – 파주
: 마음세상, 2018
  p. ; cm

ISBN 979-11-5636-236-4 03590 : ₩13200

자녀 양육[子女養育]

598.1-KDC6
649.1-DDC23   CIP2018008070

우리 아이 일기예보

오늘도 맑음

황수빈 지음

마음세상

들어가는 글

베란다 귀퉁이에서 빨래를 텁니다. 실수로 섬유 유연제를 들이붓는 바람에 빨래에서 나는 향은 더는 향기가 아닙니다. 공기 사이로 먼지가 흩날립니다. 미세먼지를 뒤로하고 베란다 문을 닫았습니다. 한 걸음을 떼려고 아래를 보니 한가득 쌓인 마른빨래가 보입니다. 이렇게 빨래들을 마주할 때면 상상합니다.

'세탁기를 돌려서 뽀송뽀송하게 마른빨래를 먼지 탁탁 털어 깔끔하게 갠 뒤, 서랍까지 넣어주는 우렁이 로봇이 있으면 좋겠다.'

세탁기에 빨래를 넣고, 다음 날 서랍장을 열어 골라 입기만 하면 얼마나 좋을까요? 생각만 해도 기분이 좋아집니다. 즐거운 상상을 뒤로하고 풀썩 주저 앉아 빨래를 개기 시작했습니다. 돌아서면 옷이 지저분해지는 아이 덕분에 언제나 빨래는 가득합니다. 한 장 한 장 개고 있으면 째깍째깍 시계가 1분씩 잡아 먹으며 비웃는 것 같습니다. 그림이 그려지나요? 썩 즐거워 보이진 않죠? 어느 날부터 저는 콧노래를 부르며 빨래를 갭니다. 아이 덕분에 빨래 개는 순간이 행복한 순간으로 바뀌어 버렸죠.

그날도 빨래를 개는 중이었습니다. 여전히 빨래는 한가득 쌓여 있어요. 젖은 빨래도 마른빨래도 숨이 막힐 만큼 산을 이루었습니다. 여전히 제 표정은 썩 즐겁지 않았죠. 빨래를 마주할 때의 제 마음이나 표정을 색깔로 표현하자면, 여러 가지 색깔이 마구 섞여 만든 해괴한 검은색이라고나 할까요. 한창 빨래를 개고 있는데 등 뒤로 아이의 목소리가 들려왔습니다.

"엄마, 이 많아."

등 뒤에서 가만히 지켜보던 아이가 한마디 했습니다. 빨래를 개느라 미처 제대로 듣지 못했습니다.

"응? 창현아, 뭐라고?"

"엄마가 고생이 많아."

'뭐지? 내가 방금 무슨 소리를 들은 거지?'

잘못 들었나 싶어 다시 물었습니다. 아이는 제대로 듣길 바라는지 한 자 한 자 또박또박 이야기했습니다.

"엄.마.가. 고.생. 많.아."

고생이 뭔지도 모를 것 같은 아이의 작은 입에서 나온 그 말은 저의 피로를 순식간에 씻어 주었습니다. 아이의 한 마디에 숨이 막힐 것만 같았던 산더미 빨래에서 기분 좋은 향기가 나고, 뽀송뽀송하게 느껴지기까지 했습니다. 그날 이후, 빨래를 갤 때마다 아이의 목소리가 들립니다. 엄마인 저를 바라보던 따뜻한 눈빛까지 생각납니다.

햇살 좋은 여름날 튜브와 먹을 것을 싣고 가까운 계곡으로 향했습니다. 운전대를 잡은 남편이 묻습니다.

"여보, 이 노래 제목이 뭐야?"

오랜만에 외출을 감행한 저는 차창 밖의 경치를 감상하느라 노랫소리에 귀를 기울이지 못했습니다. 무슨 이야기인가 싶어 차 안으로 돌아왔습니다. 딸아이가 노래를 흥얼거리고 있었습니다. 아이의 흥얼거림에 가만히 귀를 기울였지요. 들어본 적이 있는 노래 같은 데 감이 오질 않았습니다. 아직 발음이 명확하지 않은 데다가 리듬까지 더해지니 쉽사리 알아채기 어려웠습니다. 답답했습니다. 입안에서 제목이 뱅뱅 도는 느낌이라 뭐라 형용할 수 없는 답답함이 느껴졌습니다.

"마아들 하…….만…."

"음~음 음음음……."

아이의 허밍을 따라갔습니다. 아이에게 물었지만 빙그레 미소만 지을 뿐 대답이 없습니다. 허밍은 흘러 흘러 절정에 왔습니다. 아! 절정에 오고 나니 허밍을 알아챘습니다. 세상에! 이 노래를 5살도 안 된 네가 부르다니! 노래를 알아채고 나서 깜짝 놀랐습니다. 얼른 아이의 허밍을 담아두고 싶어 동영상을 찍기도 했습니다.

남편은 정말인가 싶어 갓길에 차를 세우고, 아이를 돌아보았습니다. 별로 크지 않은 남편의 동공이 확대되는 모습은 우습기도 했습니다. 네 살배기 꼬마가 이해하기도 어렵고, 발음하기도 어려운 단어와 음정을 흥얼거리는 게 얼마나 우리의 목젖을 울리게 했는지 모릅니다. 감정을 채 추스르기도 전에 아이는 또 다른 콘서트를 보여줍니다.

"엄마, 나 이것도 할 수 있어."

다시 노래를 부르며 가사에 맞춰 앙증맞은 작은 손을 휘젓기 시작했습니다.

단지 손짓에 지나지 않았던 동작이 우리에게는 사랑이고 기쁨이었죠. 이 맛에 아이를 키우나 봅니다.

남편이 제게 물었던 적이 있습니다.

"아니, 여자들은 아기 키우기 힘들다면서 또 애를 낳는 이유는 뭐야? 그렇게 아파했으면 나 같으면 안 낳겠다."

어느 산모가 얘기했는지 모르지만, 산모들 사이에 전하는 이야기가 있습니다. 아이를 낳을 때, 트럭이 배 위를 지나가는 고통 뒤에 아이가 순풍 나온다고요. 낳을 때만 고통입니까. 어쩌면 낳고 난 이후가 더 가관일지 모릅니다. 먹고 싸고 쉬는 기본적인 욕구도 뜻대로 충족할 수 없으니까요. 식은 밥은 고급입니다. 대부분 물을 말아 후루룩 먹죠. 화장실도 마음대로 못 가요. 울고불고 난리거든요. 잠은 또 어떻고요. 눈 밑에 눈그늘이 간밤의 실랑이를 대변해 줍니다. 조금 크고 나면 기본 욕구는 좀 충족이 됩니다. 대신 다른 방식으로 정신없는 하루의 일상이 주어집니다. 이렇게만 보면 좋을 것이 하나도 없는 아이를 왜 낳아 키우며, 엄마 되기를 고대할까요.

아마도 아이를 키울 때만 느낄 수 있는 행복 때문은 아닐까요.

나아가 가족과 함께하는 사소한 일상이 주는 기쁨과 행복 때문은 아닐까요.

아이의 따뜻한 한마디와 귀여운 허밍 때문은 아닐까요.

사소한 일상 속에서 아이들이 주는 기쁨.

가족과 함께 뒹굴고 엎어지고 깨지며 느끼는 즐거움.

작은 기쁨과 즐거움이 모여 행복한 샘을 이룹니다. 그곳에서 마른 목을 축이고 가시길 바랍니다. 목을 축이다가 샘물에 비친 행복을 보셨으면 좋겠습니다. 꼭 알아챘으면 좋겠습니다. 기적같이 아름다운 행복을.

들어가는 글 … 6

제1장 엄마 이야기

어떻게 하면 좋아 … 13

엎어지고 깨지고 … 19

위험해! 넘어져! 조심해! … 24

조금만 더 참을걸 … 30

조금만 더 기다려줄래? … 36

엄마의 마음 … 42

엄마, 당신은 어떻게 … 48

제2장 창현이 이야기

조용 + 호기심 = 참사 … 56

수면 전쟁 … 62

엄마, 내가 싫어요? … 68

엄마! 도미노 하자! … 73

엄마, 먹고 싶어요 … 79

엄마, 나도 유치원에 가고 싶어요 … 84

오늘의 요리사 '창현이 요리사' … 90

함께라서 즐거워! … 95

엄마, 나는 괜찮아요 … 101

우리 창현이가 달라졌어요 … 107

제3장 효린이 이야기

엄마가 화낼까 봐 무서웠어! ⋯ 114

엄마, 그럼 내 기분이 나쁘잖아 ⋯ 120

엄마가 가! ⋯ 126

엄마 보고 싶다고 울었어! ⋯ 131

엄마아아~ ⋯ 137

응가가 좋아! ⋯ 143

달순아, 사랑해 ⋯ 149

이거 입을래! ⋯ 155

모전여전 ⋯ 162

안 돼, 약속 지켜야지 ⋯ 168

제4장 사랑해요, 엄마

작은 지혜 하나 ⋯ 176

엄마도 날고 싶어! ⋯ 184

엄마, 어디 가? ⋯ 190

엄마, 축하해 ⋯ 198

당신은 최고 엄마야! ⋯ 204

덜 익은 사과도 감사합니다 ⋯ 210

엄마, 나는 행복합니다 ⋯ 216

마치는 글 ⋯ 221

제1장
엄마 이야기

어떻게 하면 좋아

효린이 하원 시간에 맞춰 창현이를 차에 태워 데리러 갔다. 창현이는 노래를 흥얼거렸다.

"엄마, 구름 좀 봐! 구름이 예뻐."

"어디? 어디?"

"지나갔어. 벌써."

하늘에 떠가는 구름도 주렁주렁 달린 노란 모과도 쏜살같이 지나가는 경찰차도 모두 창현이에게는 화젯거리였다.

"엄마, 저기 좀 봐봐."

운전하는 나를 불러대며 바깥 풍경을 설명하기 바빴다. 이야기하는 사이 효린이가 다니고 있는 어린이집 지하 주차장에 도착했다. 창현이는 효린이를 데리러 갈 때면 어린이집에 들어가서 놀고 싶어 했다.

자기도 다닌 곳이라 친근해서 그런지, 식이요법으로 바깥 활동이 줄어서 그런지 모르겠지만 어린이집에 들어가고 싶어 하는 창현이 덕분에 무척 곤란했다. 그 시간이면 선생님들은 어린이집을 정리하고 소독하느라 바빴다. 창현이가 장난감을 헤집고 어지르는 통에 괜찮다는 선생님들의 얼굴을 보기가 민망했다. 데리러 가기 전에 먼저 뛰어가려는 창현이를 불러 세웠다.

"창현아, 지금은 선생님들이 어린이집을 정리하는 시간이야. 창현이가 들어가서 놀고 싶은 마음은 이해해. 놀면 좋겠지만 그럴 수 없어. 창현이가 놀고 싶어서 어린이집에 들어가면 엄마도 선생님도 무척 곤란해. 다음에 원장 선생님이 놀러 오라고 하실 때 놀러 가는 게 어때?"

창현이는 입이 삐죽 튀어나왔다.

"나도 놀고 싶어!"

창현이의 마음은 이미 어린이집에 있는 장난감을 가지고 놀고 있었다.

"그럼 어린이집 앞에 있는 놀이터에 가서 놀고 있을래? 엄마가 효린이 데리고 놀이터로 갈게."

"음. 좋아! 놀이터에 있을게."

엘리베이터의 문이 열리자마자 창현이는 놀이터로 뛰어나갔다. 시선은 창현이에게 쏟으며 벨을 눌렀다. 가방을 들고 효린이가 선생님과 나왔다. 선생님과 인사를 하고, 효린이와 놀이터로 향했다.

"엄마, 나도 빵 사 줘!"

놀이터 입구에서 기다리고 서 있던 창현이가 말했다.

"응? 빵?"

"나도 빵 사 줘! 사 줘!"

주위를 둘러보니 멀리 엄마 손을 잡은 여자아이가 한 손에 와플을 먹으며 걸어가는 게 보였다. 창현이가 아마도 여자아이의 손에 들린 와플을 본 모양이었다.

"창현아, 엄마가 빵을 사 주고 싶은데, 창현이가 지금은 아파서 약을 먹고 있잖아. 지금은 엄마가 사 줄 수가 없어. 빵을 먹으면 또 아파서 병원에 가야 할지도 몰라. 낫고 나면 엄마가 빵 사 줄게."

창현이는 화가 나서 멀리 걸어가 버렸다. 수다 떠는 아줌마들 사이로 숨어버렸다. 오라고 하면 할수록 숨어버렸다.

"얘, 네 엄마. 저기 있네."

알려줘도 모른 척하며 숨었다.

"애가 여기 숨는데요?"

쥐구멍이 있으면 들어가서 숨고 싶었다. 효린이 손을 잡고 돌아섰다. 멀찌감치 떨어져 걸으니 창현이가 뒤따라왔다. 여전히 입이 튀어나오고 가자미눈을 한 채로.

친절하게 설명을 해주고 싶지만 5살짜리 먹성 좋은 아들 녀석에게 어떻게 설명해야 할지 당황스러웠다. 배고프다며 냉장고 문을 사이에 두고 실랑이를 할 때마다 식은땀이 흘렀다. 케톤 식이요법 식단에 포함되지 않은 음식을 먹으면 경련이 증가할 수도 있다는 주의 사항 때문에 사 줄 수가 없었다. 당황스러운 내 마음을 아는지 모르는지 창현이는 비뚤어져 있었다.

저 멀리서 효린이와 같은 반 아연이가 엄마랑 어린이집에서 나왔다. 효린이와 아연이가 서로 쫓고 쫓으며 뛰어놀자 삐쭉거리던 창현이도 함께 어울리기 시작했다. 아연이를 보는 순간 와플을 잊은 듯했다. 다행이라 여기며 가슴을 쓸어내렸다. 아이들이 어울려 노는 동안 오랜만에 만난 아연이 엄마와 이런저런 이야기를 나눴다. 이야기를 나누던 아연이의 엄마가 우리의 곁으로 다가온 창현이에게 말했다.

"창현아, 와플 반쪽 줄까?"

"안 돼요!"

급하게 말을 잘랐지만, 창현이는 '와플'이란 말을 똑똑히 들었다. 아연이 엄마는 놀란 토끼의 눈을 하며 아차 하는 표정을 지었다. 창현이는 아연이 엄마 손에 들린 봉지를 뒤지며 빵을 찾기 시작했다.

"빵 주세요. 와플 주세요~ 주세요~ 주세요~"

"아, 창현아. 그게……. 이모가 빵을 주려고 보니까……. 빵에 벌레가 들어갔어. 못 먹겠다. 이모가 다음에 창현이 하나 사 줄게. 미안해."

창현이는 여전히 눈에 불을 켜고 와플을 찾았다. 아연이 엄마와 내가 벌레가 있다는 거짓말로 겨우 달래고 나서야 마음을 접었다. 더 있다가는 창현이가 마음에 큰 상처를 입을 것 같았다. 얼른 다독여서 아이들을 집으로 데려왔다. 창현이는 주차장에 내려서 집으로 가는 내내 빵과 과자를 사 달라며 졸랐다.

"창현아, 엄마가 얼른 가서 맛있는 저녁 만들어 줄게. 어서 가자. 우리 창현이 배 많이 고프지? 엄마가 얼른 저녁을 만들어 줄게."

집으로 돌아와 얼른 부엌에 들어와 손을 씻고 식단 준비를 했다. 창현이는 따라 들어와 졸라댔다.

"엄마, 저녁 준비하지? 저녁은 준비됐어? 이거 넣을 거야? 어서 만들어 줘. 배고파. 배고프단 말이야."

아이는 잔뜩 예민해진 채로 재촉했다.

"창현아, 이렇게 재촉하면 엄마가 얼른 만들 수가 없어. 식탁에 앉아서 좀 기다려 줄래?"

창현이가 성화하자 더 바빠진 나는 점점 짜증이 났다. 코로 먹은 건지 입으로 먹은 건지 알 수 없는 저녁 식사가 끝이 났다. 저녁을 먹고 난 다음도 창현이는 성화였다.

"더 줘. 더 줘. 배고픈데."

"창현아, 의사 선생님이 창현이가 너무 많이 먹으면 또 아플 수 있다고 그랬어. 조금만 참자."

더 달라고 조르던 창현이도 더 조르지 않았다. 창현이가 배고프다고 조르고 짜증을 낼 때마다 엄마로서 줄 수 없는 그 마음은 오죽했겠는가. 마음을 추슬렀다. 아이들이 가져온 책을 읽어주며 남은 저녁 시간을 보냈다.

"엄마, 씻을래."

감기로 콧물 범벅이 된 효린이가 씻으러 가자고 졸랐다. 화장실에서 효린이를 씻기고 있는데 창현이가 너무 조용했다. 뭔가 예감이 심상치 않음을 느꼈다.

"박창현, 창현아! 어디 있어? 뭐해?"

불러도 대답이 없었다.

"창현아, 창현이도 씻어야지. 어디 있어?"

한참 후에야 달려온 창현이가 손을 내밀었다. 손에는 초록색 가루로 범벅됐다. 뭔가 불안한 예감을 가지고 부엌으로 달려가 보니 내 영양제는 열려 있고, 캡슐은 뜯어진 채로 캡슐 속 초록색 가루들이 흩어져 있었다. 순간 화가 났다.

"박창……."

"비타민이 먹고 싶어서."

이름을 부르려던 내 입은 한숨을 토했다. 배가 고팠던 아이는 엄마 몰래 비타민을 꺼내 먹을 심산으로 영양제를 꺼냈다. 여는 데까지는 성공했지만, 비타민이 아니라 캡슐이라 의아했으리라. 캡슐을 어쩌다 보니 몇 개 뜯었고, 가루로 잔치를 벌인 것이다.

　'얼마나 배가 고팠으면…….'

　얼마나 배가 고팠으면 비타민을 몰래 찾으려다 일을 벌였을까 싶어 마음이 소금에 절인 배추처럼 푹 절었다. 몸에 있던 모든 기운이 빠졌다. 입도 뻥긋할 힘이 없어졌다. 그대로 방에 뻗어 버렸다. 아이를 저 지경까지 만들면서 대체 내가 무슨 짓을 하는 건지. 가장 행복해야 할 시절에 배고픔에 몸서리쳐야 하는 아이로 만드는 게 과연 치료라고 할 수 있는 건지. 온갖 생각과 피로가 몰려와 몸을 가눌 수가 없어 바닥으로 쓰러졌다.

　'신이시여, 왜 이런 고통을 겪어야 합니까? 왜 이런 고통을 감내해야 합니까? 저와 아이가 언제까지 겪어야 합니까?

　모유를 먹이고 싶어도 젖이 나오지 않아 붕어 눈이 되도록 울며 짜냈던 때가 있었다. 그때와 비교할 수 없을 만큼 고통스러웠다. 그동안 고통을 담담하게 잘 이겨내고 있다고 믿었던 스스로 뒤통수를 맞았다.

　어느 길로 가야 할지 공황 상태에 빠진 것처럼 암담하고 의지를 잃어버렸다. 내 마음이 갈 곳을 잃었다. 나는 엄마로서 정체성을 잃어버렸다. 사랑까지 식어버린 채로.

　'아! 난 어디로 가야 하나. 어디로. 어디로.'

엎어지고 깨지고

엄마가 되고 난 후 '엄마 자격증'이라는 게 있었으면 좋겠다는 생각을 한 적이 있다. 학교 다닐 때 아주 싫던 미분, 적분, 통계보다도 육아가 어려운 것 같다. 도대체 아이의 마음을 알기가 어렵다. 그냥 결혼하고 아이를 낳고 다 그렇게 산다고 생각했다. 육아가 이렇게 어려운 일이라고는 상상도 하지 못했다.

한창 예민해진 효린이는 살짝 스치기만 해도 아프다며 어이없는 고집을 부렸다. 남편과 나는 황당해서 서로 얼굴을 번갈아 보았다.

"효린아, 엄마가 지나가다가 실수로 부딪혔네. 미안해."

오십보백보 뒤로 물러나 사과를 해도 소용이 없다. 한 번은 효린이가 밥을 먹으면서 계속 장난을 쳤다.

"효린아, 밥 먹을 때는 바르게 앉아서 먹는 거야. 다 먹고 나서 놀았으면 좋겠어. 다 먹었으면 놀아도 좋아."

"아니, 더 먹을 거야."

한 번, 두 번, 세 번……. 점차 인내심의 한계를 느끼고 내 목소리 톤도 조금

씩 냉랭해지기 시작했다. 효린이는 앉아서 한 번 떠먹고는 식탁 주변을 빙글빙
글 돌며 다시 장난을 쳤다. 빙글 돌던 효린이가 식탁 다리에 걸려 넘어질 뻔했
다. 남편이 얼른 아이의 팔을 잡았고, 바르게 세워 앉혔다. 이게 사달이 났다.

"아빠가 내 팔을 꼬집었어. 엄마, 아파. 아빠 혼내줘."

자기가 한 행동은 깡그리 잊고 아빠가 팔을 세게 잡아당겼다며 울고불고 난
리가 났다. 식탁은 발에 채여 엉망이 됐다. 남편과 나는 어이없는 시선을 허공
에서 주고받았다. 그냥 터져 버린 아이의 고집은 엄마, 아빠 내면에 내재해 있
는 하이드씨를 꺼내는데 아주 탁월했다. 대체 너를 어찌하면 좋니. 이 엄마는
어찌하면 좋겠니. 하도 답답해 친정엄마에게 전화를 걸었다.

"엄마, 엄마도 나 키울 때 많이 힘들었지? 말을 안 듣고 그래서 얼마나 속상했
어?"

"무슨 말이니. 너는 거저 키웠다. 말도 얼마나 잘 들었는데."

여기까진 좋았다. '그런데'가 시작되기 전까지.

"그런데 좀 까탈스럽기는 했다. 아침에 세수시키려면 내 손을 확 밀치면서
스스로 할 거라고 그러고. 세수시키는데 옷 버린다고 수건을 둘러주려고 하면
싫다고 짜증을 얼마나 내던지. 밥 먹을 때는 또 어떠냐. 밥 위에 김치를 올려주
면 밥 위에 올렸다고 난리도 아니야. 그리고……."

엄마의 '그런데'는 도무지 끝이 날 기미가 보이지 않았다.

'그랬구나, 내가 그랬구나. 엄마도 내가 참 얄미웠겠다. 어휴.'

엄청 쓴 에스프레소를 연거푸 두 잔 삼킨 것처럼 씁쓸한 침을 몇 차례 목구
멍으로 삼킬 때쯤 엄마의 '그런데'가 끝이 났다.

"그래도 너 정도면 진짜 쉽게 키웠지. 스스로 알아서 하지. 엄마는 거저 키웠
다. 너 그때 기억나니? 아이고, 잘못해서 반성문을 쓰라고 했더니 구구절절 써

놓은 거야. 내가 얼마나 기가 차고 똥이 막히던지 읽으면서 애가 쓴 게 맞나 싶더라. 그리고……."

엄마는 조금 전까지 온갖 악플을 쏟아내시던 것도 까맣게 잊은 채 굿플러가 되어 나를 키우며 좋았던 추억을 입으로 쏟아내셨다. 병 주고 약 준다는 짝이 딱 이 짝이겠지.

"그럼 엄마. 엄마는 힘들었던 적은 없었어?"

"힘든 적이야 있지. 그땐 나도 어렸지. 철이 없었지. 엄마 별명이 그때 동네에서 울보였다 울보. 애가 아프면 병원을 데리고 가야 하는데 울고 앉았다는 거 아니냐. 동네 언니들이 나 우는 소리에 뛰어와 정신 차리라고 하면서 병원으로 보내고 그랬어."

늘 단단해 보이고 강해만 보였던 엄마도 여자였구나 싶은 생각에 마음이 울컥했다. 엄마의 이야기는 계속해서 이어졌다.

"우습지? 그만 길바닥에서 앉아서 운 적도 있다. 한 번은 네가 암만 찾아도 없더라. 얼마나 찾았는지 몰라. 울고불고. 동네 언니들이 또 뭔 일인가 싶어 놀라서 쫓아왔지. 나중에 보니 놀이터에 가 있더라. 그때 가슴 철렁한 것 생각하면……. 그 뒤에 너희 할머니한테 잠시 맡겨놓고 가게 시작했을 때다. 첫날 할머니가 너를 잃어버렸다고 전화가 온 거야. 가게고 뭐고 당장 문 닫고 찾으러 갔지. 아이고. 내가 그때 심장이 탈 수만 있으면 재가 됐을 거야. 다행히 금방 찾긴 했지만 얼마나 놀랐는지. 그 날로 장사 접었다. 내가 장사 해 가지고 뭐 하겠나 싶더라. 내가 너희 아버지한테 그랬지. 내가 애 잃어버려 가면서 장사한들 뭐하겠냐고. 너희 아버지도 마음이 그랬는지 그만두라고 하더라. 그리고 장사 접고 너를 키웠다."

생각지도 못한 엄마의 이야기에 가슴이 철렁 내려앉았다. 엄마가 얼마나 마음을 졸였을지. 오늘 오픈한 가게 위약금을 물고 나를 선택한 엄마의 마음이 어땠을지. 노상 울고 다녔다는 엄마를 떠올렸다. 엄마는 그렇게 엎어지고 깨지면서 나를 키우면서 단단해지셨던 모양이었다.

지금은 무엇이든 척척 해 내는 엄마도 한때는 실수투성이 엄마 가면을 쓴 여자였다. 엎어지고 깨지는 것은 엄마로서 겪어야 할 과정인가 보다. 숱한 과정들을 밟고 일어서고 일어서다 보면 어느새 엄마인 척 연기하지 않아도 엄마 냄새가 나는 그냥 엄마가 되나 보다. 엄마와 통화를 마친 후 마음을 고쳐먹었다.

'그래, 처음부터 잘하는 사람은 없어. 부서지고 엎어지고, 깨지면서 배우는 거야. 아이들도 나도 배우고 또 배우는 시간인 거야. 할 수 있어.'

그 날 저녁 밥상머리에서 효린이는 아침과 같이 또 산만했다. 표정과 목소리를 가다듬었다. 주의를 주되 감정이 섞이지 않게 조심하면서.

"엄마는 효린이가 밥상에서 장난을 치지 않았으면 좋겠어. 효린이가 위험해 질 수도 있고, 밥을 먹는 데 집중하기가 어려워. 먹고 싶지 않으면 지금 먹지 않아도 좋아. 지금 먹고 싶다면 예의를 지켜줬으면 좋겠어."

효린이는 밥을 먹겠다고 했다. 효린이가 아침보다 훨씬 길게 앉아서 밥을 먹었다.

"효린아, 효린이가 이렇게 앉아서 바르게 먹으니 엄마가 기분이 무척 좋아. 고마워. 엄마 이야기 잘 들어줘서."

"엄마, 바르게 앉아서 먹으니까 좋아? 예뻐?"

"그럼. 우리 효린이는 원래도 예쁜데 이렇게 바르게 앉아서 먹으니 훨씬 예쁘다. 너무 멋져."

엄지를 치켜세우며 효린이를 칭찬했다. 자기도 기분이 좋은지 머쓱해 하면서도 입이 연신 싱글거렸다. 물론 오래가지는 않았지만. 한 번이라도 소통했다는 자체가 기뻤다. 다음번에 또 알려주면 되지. 그다음에 또 알려주면 되지. 언젠간 하겠지. 왜 오늘 다 뜯어고치려고 했었는지. 아이가 떼쓰고 고집을 피우는 것도 한편으론 이해가 된다 싶기도 했다. 단숨에 성공하는 사람도 없고, 단숨에 벼락부자가 되는 사람도 흔하지 않다. 물려받을 자리나 유산이 있다면 모를까. 세상일도 그런데 하물며 사람이 어찌 단숨에 될까. 육아를 배우는 나도. 세상을 배워가는 아이도. 왜 그렇게 안달복달하며 단숨에 잘하길 바랐는지. 빨간불이 켜진 사거리에서 신호를 기다리고 있는데 효린이가 부른다.

"엄마, 안 가?"

"응. 초록 불이 켜지면 가야지."

"저기 초록 불 있는데?"

"응, 그건 횡단보도 건널 때 보는 초록 불이고 우리는 저기 위에 보이는 신호등을 보고 가야 해. 봐봐. 빨간불이지?"

"아. 빨간불이네. 그럼 가지 마. 기다려야 해. 빨리 가면 차가 꽝 부딪쳐서 사고가 날 수 있어. 사고 나면 다쳐. 아파."

효린이의 마지막 말은 예사로 흘려지지 않았다. 그래, 맞다. 기다려야지. 빨리 가려고 신호도 무시하고 달리다 보면 차도 사고가 나는데 사람은 오죽할까. 마음을 다그치고 재촉해서 마음이 다치면, 그 아픔은 어쩌나. 너와 내가 가는 길도 마찬가지겠지? 천천히 조심조심 달려가야 하겠지?

"그래, 엄마 초록 불 켜지면 천천히 갈게. 효린아 우리 초록 불 바뀌면 천천히 가자."

"응. 엄마. 아! 초록 불 바뀌었다! 출발!"

"응. 즐겁게 출발!"

위험해! 넘어져! 조심해!

'색칠 놀이? 그건 매일 하는데. 만들기? 뭘 만들지. 놀이터? 아 참 내일은 비가 온다고 하던데. 키즈카페? 수족구병이 유행이라고 하던데. 아! 모르겠다.'

평일이 쏜살같이 지나고 홀로 아이들과 씨름할 주말이 다가왔다. 아이들과 긴 하루를 뭘 하며 보낼지 고민해봤지만, 도무지 떠오르지 않았다. '요새 엄마들은 잘도 놀아주던데 나는 왜 이 모양이야 대체! 아! 그나저나 나 어릴 때는 그냥 밖에 나가서 뛰어놀고, 집에서 종이를 오리든, 색칠하든, 뭘 하든 혼자 잘 놀았던 것 같은데. 요즘은 엄마가 놀아주기까지 해야 하니 원.'

한숨이 푹 나왔다. 날씨라도 좋으면 놀이터 뺑뺑이라도 할 텐데 오늘 밤부터 시작한 비는 주말 내내 온다고 했다. 거실 창문 밖 하늘에다 대고 푸념을 하다 지나가는 구름이 나를 보고 웃는다. 뭘 그리 고민하냐고.

'내일은 우산 쥐여주고, 장화 신겨서 비 오는 날을 느껴봐야지.'

비 오는 날의 낭만을 그리며 잠자리에 들었다. 낭만이 스릴러가 되는 내일을 전혀 예상하지 못한 채로.

아침에 일어나 창밖을 보니 역시나 비가 내린다. 오랜만에 내리는 비에 갈라진 땅에는 수분이 가득하다. 나무는 시원하게 갈증을 해소하고 어제보다 더 푸르게 빛난다. 땅도 나무도 그저 비 오는 날씨를 즐기고 있지만, 설거지하는 나는 마냥 즐길 수가 없었다. 막상 나가려고 하니 어제는 하지 않았던 쓸데없는 걱정들이 설거지 거품 사이로 퐁퐁 솟아오르기 시작했기 때문에.

'우산을 쓰더라도 비옷을 입히자. 우산을 쓰고, 장화를 신는 거야. 비 오는 날씨도 아이들에게 좋은 놀이가 될 거야. 춥진 않겠지? 옷을 더 따뜻하게 입힐까? 아냐, 되레 더워할지도 몰라. 감기라도 걸리진 않을까? 넘어져서 옷이 흠뻑 젖는 것은 아닐까? 오랫동안 놀려고 하면 어떻게 하지? 집에 들어가지 않겠다고 떼를 쓰면 어떻게 하지?

아이들과 즐거운 놀이를 하겠다는 마음은 현실과 부딪혀 본질을 잊은 채로 엉뚱한 방향으로 흐르기 시작했다. 나가기로 마음먹은 것을 취소할까 싶었지만, 왠지 아쉬움이 남는다.

'잘 되겠지. 별일 없을 거야. 어차피 나가기로 마음먹었으면 그냥 나가보자.'

고개를 흔들었다. 쓸데없이 걱정하는 내 안에 걱정을 달랬다. 설거지를 마무리하고 아이들을 불렀다. 블록을 쌓고 있던 아이들은 무슨 일인가 싶어 방에서 달려 나왔다.

"얘들아, 우리 밖에 나가볼까?"

"엄마, 밖에 비 오는데 나가도 돼?"

"비옷도 입고, 우산 쓰고 장화도 신으면 괜찮지 않을까? 한 번 나가볼까? 비가 너무 많이 오면 다시 들어오자."

"좋아!"

아이들은 신이 나서 현관으로 뛰어나갔다. 이미 아이들의 마음은 바깥으로 나갔다. 몸은 마음이 이끄는 대로 어서 나가고 싶어 안달했다.

"얘들아! 옷 갈아입고 나가야지. 들어와!"

이미 바깥에 마음을 빼앗긴 아이들에게 내 말이 들릴 리 만무했다. 거꾸로 신고, 구겨 신은 채 서로 먼저 문고리를 잡겠다고 밀치고 야단이 났다.

"후~"

내가 상상한 그림은 예쁜 비옷을 입고, 장화를 신고 우산을 펼쳐 든 채 툭툭 떨어지는 빗소리를 느끼는 그림이었는데. 비 오는 날의 정취는커녕 비옷 입기도 힘든 상황에 100℃를 넘긴 내 머리 뚜껑은 들썩들썩 야단이 났다. 마음을 진정시키고 아이들을 불렀다.

"얘들아, 밖에 나가려면 옷부터 갈아입어야지."

아이들은 여전히 듣는 것인지 마는 것인지 서로 문을 열겠다며 아우성쳤다.

"너희……. 옷 안 입으면 밖에 나가지 않을 거야!"

나가지 않겠다는 으름장에 놀란 토끼 눈으로 주섬주섬 신발을 벗고 들어왔다. 좀 더 타일렀어야 했는데, 끝내 협박하는 말투로 권위를 휘둘렀단 사실에 허무함을 감출 수가 없었다. 옷 입고 나가자는 엄마의 말을 흘려듣는 아이들. 아이들을 어르고 달래다 권위를 휘두르는 것으로 마무리한 나. 둘 다 한심하기 짝이 없었다.

'조금 기다려줘도 되는데 그걸 못 기다려주나. 시간이 없는 것도 아니고. 기다리면 아이들이 진정하고 들어 왔을 텐데. 어휴. 나도 참.'

좀 더 너그럽게 기다려주겠노라 다짐했다. 몸을 비비 꼬며 얼른 나가고 싶어 하는 아이들의 몸에 옷을 끼워 맞추다시피 하며 옷을 입혔다. 비옷 하나 입히면 한 걸음 뛰어나갔다. 뒷걸음을 잡아 장화 속에 끼웠다. 아니 욱여넣었다. 발을 동동 구르는 모양새가 어서 밖에 나가고 싶은 눈치다. 장화를 신자마자 튀어나가는 아이의 손목을 얼른 붙잡아 우산을 쥐여주었다.

"밖에 나가서 뛰면 미끄러질 수도 있고, 다칠 수도 있어서 위험해. 조심해서 놀아야 한다."

작은 아기 새가 모이를 먹으려고 뺑긋거리는 주둥이 마냥 두 입이 뺑긋하며 크게 대답했다.

창현이가 현관문을 열고 뛰어나갔다. 효린이가 뒤 따라 나갔다. 우산 위로 떨어지는 빗소리가 전혀 들리지도 않는 보슬비가 내리고 있었다. 그저 촉촉한 수분이 얼굴을 적시는 느낌. 세차게 내리던 비가 마침 잠시 소강상태였다. 지렁이들이 소문 듣고 찾아올 것 같은 얕은 웅덩이가 길 가 여기저기 많았다. 눈밭에 뛰어노는 강아지처럼 아이들은 신이 났다. 이리 뛰고 저리 뛰었다. 우산은 멀리 던져진 지 오래였다. 내동댕이쳐진 우산을 주웠다.

"우산 안 쓰면 비 맞아서 감기 걸릴 수도 있어. 우산은 꼭 써야 해."

"우산 무거워. 안 쓸래."

"우산 안 쓰면 밖에서 놀 수 없는데. 감기 걸려서 고생할지도 몰라. 계속 고집 피우면 집에 들어가야겠다."

"아, 쓸래. 쓸래."

즐겁게 놀고 집으로 들어가겠다는 내 마음에 빛이 바랬다. 감기 걸릴까 노심초사하며 아이들을 뒤쫓았다. 이러려고 나온 게 아니었는데. 점점 더 내 입에선 가관이다.

"뛰지 마, 미끄러져. 위험해. 조심해."

내 입에선 아이들을 걱정하는 잔소리가 흘러나왔다. 신나게 첨벙거리는 아이들에게 딱 김이 새는 잔소리. 그런 경험 있는가? 노래방에서 신나게 노래를 불렀다. 갑자기 옆 친구가 자신의 노래를 예약하려다 취소 버튼을 눌렀다. 한창 흥겨웠던 분위기가 뚝 잘려나가고 정적만 남았다. 머쓱한 친구가 미안하다고 사과를 해보지만, 단물 덜 빠진 껌을 삼킨 것처럼 씁쓸하다. 어색한 분위기는 또 어떻고. 신나게 빗물을 즐기고 있는 아이들에게 잔소리하며 흥을 깨고 있는 나는 취소 버튼을 누른 천하의 몹쓸 친구다. 딱 그 짝이다. 아이들은 들떠서 신나게 즐기는데 엄마란 사람이 옆에서 계속 초를 치고 있으니 얼마나 김이 빠질까. 다치면 약 바르면 되고, 넘어지면 일어서는 법을 배우면 되는데 김빠지는 잔소리만 하고 있으니.

어릴 때 나도 엄마가 잔소리할 때면 김이 딱 빠졌다. 색종이를 오리며 즐겁게 꾸미기를 했다. 오리기가 시들해질 무렵 문득 재미있는 책이 눈에 들어왔다.

"이 책만 읽고 치워야지."

치우는 게 싫었던 것이 아니라 당장 눈에 들어온 책이 궁금해서 먼저 책을 집었다. 잘게 잘린 색종이를 책상 한 귀퉁이로 몰아놓고 책을 읽기 시작했다. 한창 책에 빠져 있는데 불쑥 엄마가 방으로 들어왔다.

"아니, 색종이를 오렸으면 다 치워놓고 해야지. 지저분하게 이게 다 뭐야? 너는 이렇게 하고 책이 머리에 들어가니?"

"이것만 얼른 읽고 하려고 했어."

엄마는 코웃음을 치며 말했다.

"안 했으면 '죄송합니다' 하고 얼른 치우면 되지. 핑계도 좋다. 세상에 나중에 하려고 했다고 누가 말을 못하니?"

"아니야, 진짜 그러려고……."

엄마는 내 말을 가위로 종이를 오리듯 싹둑 오려버렸다.

"그만하고 다 치우고 책을 보든가 해라."

엄마는 방문을 닫고 나갔다. 난 정말 책을 얼른 읽고 치울 생각이었는데. 책이고 뭐고 흥미가 뚝 떨어졌다. 책을 옆으로 치워버렸다. 색종이도 치우기 싫은 마음이 굴뚝같았지만, 또 들어와서 엄마의 잔소리를 들어야 할 것 같아 휴지통에 쓸어 담았다. 엄마의 한마디로 한순간에 책에 대한 열정이 식었다. 반감과 억울함으로 비뚤어졌다. 화가 나서 빈 종이를 꺼내 마구 낙서를 했다. 짓이겨진 마음을 그대로 표현하려는 듯 손에는 잔뜩 힘이 들어갔다. 종이는 찢어질 듯 아슬아슬했다. 내 마음을 받아주느라 자신의 고통을 고스란히 삼키고 있었다.

'나도 그럴 때가 있었지. 아이는 아이 나름의 계산이 있는데. 내 식대로 이끌려고 하는 내가 엄마와 다른 게 뭐야. 곁에서 기다려주면 과정은 뒤죽박죽이 될지 몰라도 아이는 자기 나름의 과정을 이어갈 텐데.'

회상하면서 내 마음을 돌아보았다. 생각에 잠겨있는 도중 갑자기 울음을 터뜨린 창현이 소리에 번뜩 정신을 차렸다.

"으앙, 엄마 아파."

창현이가 넘어졌다. 바지는 흠뻑 젖었다. 무릎을 매만지며 아프다고 울었다. 예전 같았으면 '내가 그럴 줄 알았다, 엄마가 뭐랬니, 뛰지 말라 그랬지.' 속사포로 쏟아냈겠지만 그러지 않기로 했다. 종이가 찢어질 정도로 억울함을 표했던 내 안의 어린아이가 아무 쓸모 없는 일이라고 귀띔해줬기에.

"괜찮아. 집에 가서 옷 갈아입으면 돼. 씻고 엄마가 약 발라줄게. 집에 들어가자. 효린아, 오빠가 다쳤어. 집에 가서 약 발라야 할 것 같아. 집에 들어가는 게 좋겠어."

등을 토닥여주자 창현이의 울음소리가 작아졌다.

"엄마, 훌쩍. 미안해. 이제 뛰지 않을게요. 훌쩍. 엄마 사랑해요."

"응. 다음엔 조심하자. 엄마도 사랑해."

조금만 더 참을걸

얼마 전 친한 언니를 만났다. 언니와 이런저런 이야기를 나누다가 언니의 속 상한 이야기를 듣게 됐다.

"하루는 남편이 그러더라. 너는 이중적인 여자라고. 바깥에서는 그렇게 상 냥한데 집에서는 완전 다른 모습이라고. 아이에게 화도 잘 내고 집에서는 항 상 가시 돋친 것 같다고. 사실 나도 아는데 고치기가 쉽지 않아. 바깥에서는 거 절하거나 싫은 소리 하는 게 너무 어려운데 집에서는 냉정할 정도로 딱 끊기도 하고. 가족들한테 왜 그러는지 모르겠어."

"그래, 알지만 형부한테 그런 말 들었을 때 너무 속상했겠다."

"응, 머리로는 아는데 정말 서운하더라."

남편의 말이 언니에게 상처가 된 것 같았다.

"서운한 건 서운한 건데 요즘 들어 아이한테 더 짜증을 많이 내는 것 같아. 우 리 애는 졸릴 때 내 머리를 만지는 습관이 있거든. 아기 때부터 하는 거라 집에 서는 졸려 할 때 그냥 내버려 두는데 바깥에서 그럴 땐 너무 싫더라고. 그날도 외출하고 돌아오는 길이었는데, 차에서 잠이 들었어. 내가 먼저 애를 안고 집에 올라갔고, 남편이 짐을 챙겨서 뒤에 올라왔어. 애를 안고 엘리베이터를 기다리는데 애가 비몽사몽인 채로 머리를 만지작거리는 거야. 머리끈은 풀리고 머리가 산발이 되려고 하길래 '엄마, 머리가 망가지려고 해. 엄마는 바깥에서 이렇게 머리 만지는 거 싫어. 승준아, 그만해 줬으면 좋겠어.' 그랬거든. 그런데 승준이는 머리를 계속 만지는 거야. 엘리베이터를 타고 올라가는 동안 머리끈은 없어졌고, 머리는 산발이 됐어. 순간 너무 화가 났어. 휴. 문을 열고 애를 내려놓자마자 폭풍 잔소리를 해댔어. 엄마는 머리 만지는 걸 싫어한다고 이야기했는데 왜 계속 그러느냐고! 그렇게 시작해서 결국 화를 내고 끝이 났지. 애는 비몽사몽 한 상태에서 습관처럼 했던 행동인데 조금만 참았으면 될걸. 별것도 아닌 건데 결국 애한테 화를 내고 말았어."

언니의 낯빛은 아이에게 미안함이 가득했다. 미안함의 끝에 자신에 대한 실망감이 스쳐 지나갔다. 언니가 가여웠다. 너무 좋은 엄마인데 사소한 행동 하나가 언니의 자신감을 왕창 무너뜨린 것만 같아 마음이 아팠다. 하지만 비단 언니만의 문제일까!

나도 연년생 남매를 키우며 툭하면 화를 냈다. 바닥에 물을 엎지르면 거칠게 걸레를 닦으며 온몸으로 화를 냈다.

"그러게 엄마가 조심하라고 했지. 물 쏟을 거라고 앉아서 먹으라고 그랬지!"

장난감 하나로 치고받고 싸울 땐 나도 이성을 잃었다. 장난감을 현관 밖으로 던져 버렸다.

"이렇게 싸울 거면 장난감 다 버릴 거야!"

쓰레기봉투를 가져와 보이는 장난감들을 족족 다 쓸어 담았다. 아이들이 울면서 매달렸다.

"엄마, 이제 안 싸울게요. 버리지 마세요."

"이거는 안 돼요. 엉엉. 버리지 마세요. 엉엉."

"장난감 갖고 매일 싸우니까 다 갖다 버릴 거야."

그렇게 쓸어 담은 쓰레기봉투를 현관 밖으로 던졌다.

"이리 와서 앉아!"

아이들을 불러 앉혔다.

"엄마가 사이좋게 놀라고 했어. 안 했어! 말로 해야지 오빠를 물어뜯으면 어떻게 해! 동생이 하는 장난감을 뺏어가면 화가 나겠어? 안 나겠어? 둘이 계속 이렇게 싸울 거면 나가!"

눈물, 콧물 범벅이 된 아이들을 거칠게 현관 밖으로 내쫓았다.

"엄마, 이제 안 싸울게요. 문 열어주세요. 미안해요. 엄마."

두 손을 모으고 발을 동동 구르며 문틈 사이로 잘못했다고 빌었다. 서로 부둥켜안고 펑펑 울고 난 다음에야 끝이 났다. 땀과 눈물, 콧물로 범벅이 된 아이들을 씻겼다. 아이들은 씻고 나와 깔깔거리며 뛰어다녔다. 옷을 입히고 머리를 말린 후 털썩 주저앉았다. 아이들은 제자리로 돌아왔는데 내 마음은 제자리로 돌아올 기미가 없었다. 심장에 가시가 박힌 것처럼 가슴이 욱신거렸다.

'그렇게까지 화를 낼 건 없었는데. 아이들이 울고 매달리는데 꼭 그렇게 장난감을 던지고 버려야 했을까. 엄마에게 얼마나 실망했을까. 난 정말 나쁜 엄마야. 엄마 자격도 없어. 아이들보다 더 흥분해서 상처 주고 괴롭혔어. 다시 되돌리고 싶다.'

내 마음은 아직도 화를 내던 그곳에 머물러 있었다. 아이들이 묻는 말에도 대답하기 싫었다. 언제 그랬냐는 듯 신나게 노는 아이들이 부럽기도 하고 어떻게 저럴 수 있을까 싶기도 했다. 저녁 준비를 하기도 싫고 내 마음은 계속해서 제자리에 멈췄다. 머리를 쥐어뜯고 한심한 나에게 욕을 했다. 엄마 자격도 없는 나쁜 년이라고.

창현이가 어릴 때였다. 한창 머리 감기를 싫어했다. 울고불고 몸서리를 쳤다. 창현이를 안고 눕혀 머리를 감겼다. 두 발로 내 옆구리를 걷어차고 두 팔로 나를 꼬집고 난리였다. 감기가 들까 싶어서 머리를 감겨서 나가야 했는데 창현이는 도통 말이 통하지 않았다.

"창현아, 얼른 깨끗하게 머리 감고 나가자. 착하지. 가만히 있으면 눈에 안 들어가. 자, 깨끗하게 씻자."

창현이는 울고불고 난리를 쳤다. 달래고 어르던 나도 더 참을 수가 없었다. 짝! 곱고 고운 엉덩이에 내 손자국이 남았다. 창현이는 더 크게 울었다.

"아야, 아파. 너무 아파."

아프다는 창현이를 거칠게 잡아끌고 머리를 감겼다. 씻기고 났지만, 눈물 콧물 범벅으로 얼굴이 엉망이 됐다. 샤워기를 틀어 화가 난 만큼 얼굴을 박박 씻겼다. 내 속에 숨어 있던 나쁜 년은 또다시 몸 밖으로 나와 설쳐댔다.

바깥으로 나와 식탁에 앉았다. 내 심장은 쿵쾅쿵쾅 세차게 뛰었다. 손은 여전히 화끈거렸다. 아이의 엉덩이엔 어느새 흔적도 없이 사라졌지만, 마음속에 손자국이 남은 것 같아 마음이 아팠다.

'어쩌자고 그러니. 조금만 참지. 그걸 못 참고 결국 애를 때리고 화를 냈니! 창현이가 얼마나 아팠겠어. 넌 진짜 나빠. 진짜 엄마 자격도 없어!'

마음속에 천사는 천사답지 않게 온갖 악담을 하며 나를 질책했다. 마음속에는 죄책감으로 가득 찼다. 퇴근하고 돌아온 남편에게 말했다.

"난 아이 키울 자격도 없어. 난 엄마가 될 사람이 아니었나 봐. 내 체질이 아닌 것 같아. 나 좀 구해줘. 나 진짜 힘들어."

남편은 애처로운 눈빛으로 나를 토닥였다. 짧은 위로가 위안이 됐다. 하지만 내일이면 또 하루가 시작될 테고 내 안에 내가 몰랐던 나쁜 자아가 나타날 것만 같아 두려웠다.

'어떻게 하면 좋을까. 나를 어쩌면 좋을까. 불쌍한 아이들을 어쩌면 좋을까.'

육아서에서 말하는 매뉴얼을 외웠다. 실천해봤지만 현실에선 무용지물이었다. 내 안에 나쁜 자아는 좀체 이사할 생각을 하지 않았다. 엄마의 언성이 높아지면 아이들이 말했다.

"엄마, 화내지 마세요. 무서워요."

아이들을 가졌을 때, 바느질하고 위인전을 읽으며 바른 아이로 키우겠다고 꿈을 꿨던 엄마였는데 왜 이렇게 추해졌을까. 왜 이렇게 바닥까지 내려앉은 걸까. 원래 나는 이렇게 바닥인 사람이었던 걸까. 텔레비전에서 아동 학대 뉴스가 나올 때마다 남의 일 같지 않았다. 아이들 마음속에는 또 얼마나 큰 상처가 묻혔을까 싶어 전전긍긍했다. 좋은 엄마가 되고 싶어 육아서를 읽고 또 읽었다. 심호흡하고 또 했다. 조금 나아지는 듯했지만 참다가 폭발하는 경우가 어김없이 찾아왔다. 참는 데는 한계가 있고 폭발했다. 그러다 우연히 들었던 글쓰기 강의에서 내 가슴을 번뜩이는 희망을 찾았다.

"쓰세요. 무조건 쓰세요. 괴로웠던 마음, 사건, 무엇이든 쓰세요. 화가 날 때도 쓰세요. 화가 나는 상황과 마음을 솔직하게 쓰세요. 욕도 좋습니다. 마음을 그대로 쓰세요."

밑져야 본전이라는 생각으로 썼다. 아이들이 또 싸웠다. 장난감을 던지고, 서로 때리고 꼬집으며 싸웠다. 서로 하겠다며 옥박지르고 우는 상황을 마치 우리 집 밖에서 누군가 바라보며 쓰는 것처럼 그대로 썼다. 아이들이 하는 말, 펼쳐진 상황, 내 마음속에 일어나는 생각 모든 것을 차분히 썼다. 아이들이 달려왔다.

"엄마, 효린이가 나 꼬집었어요. 앙앙. 너무 아파요!"

"엄마, 오빠가 내가 만든 블록 망가뜨렸어요. 으앙."

서로 편들어 달라며 자신의 억울함을 호소했다. 그것까지도 썼다. 어떤 대꾸도 하지 않고 그냥 썼다. 쓰기 전에는 마음에 파동이 쳤다. 또 싸운다 싶어 실망했다. 내 손에 있는 힘을 담아 감정까지 모두 쓰고 나니 마음이 편안해졌다. 별것 아닌 상황에 내 감정이 동요했다는 사실을 깨달았다. 아이들이 번갈아 가며 다시 달려왔다. 그냥 안아주고 토닥였다.

"그래서 속상했구나. 많이 아팠지."

내가 했던 말은 그것뿐이다. 어떤 터치도 간섭도 하지 않았다. 잠시 후 아이들의 목소리가 들려왔다.

"효린아, 아까 내가 미안했어."

"오빠, 나도 미안해."

결국, 별 것 아닌 일에 흥분해서 일을 크게 만든 것은 아이들이 아니라 바로 나였다. 아이들을 불렀다.

"애들아, 잠깐 와볼래."

"왜요? 엄마."

"엄마가 그동안 정말 미안해. 이제 화내지 않을게."

"괜찮아. 일부러 그런 것도 아닌데."

"사랑해."

"엄마, 사랑해요."

아이들은 이미 정답을 알고 있다. 진화가 덜 된 엄마를 이미 용서하고 있는데. 나는 나를 너무 홀대하고 있는 것은 아닌지 모르겠다. 다시 한번 뜨겁게 사랑하기로 한다. 나도 아이도.

조금만 기다려줄래?

아침 준비를 하기 전 잠깐 자투리 시간이 났다. 곁에 있던 육아서를 펼쳤다. 이전에도 육아서를 읽을 때마다 등장하던 공통적인 대목이 나왔다.

'엄마는 집안일을 하다가도 아이가 부르거나 요청하면 온전히 집중하고 바라봐 주어야 한다. 아이는 사랑받는다고 느끼며 자존감이 커진다.'

'그래, 오늘부터는 온몸으로 들어주고, 귀를 기울여 줘야지. 이깟 집안일이 뭐가 중요해.'

굳은 결심을 하고 마음을 다잡으며 책을 덮었다. 아침 식사를 마치고, 설거지하고 있는데 마침 창현이가 다가왔다.

"엄마."

"응?"

"책."

하지만 쌓여 있는 설거지와 세탁물이 안 된다고 몸서리쳤다.

'이것쯤 잠시 미뤄두면 어때? 읽어달라고 할 때 읽어줘야 독서 습관도 쑥쑥 큰다는데. 설거지 내려놓고 책을 읽어주면 사랑받고 있다고 느껴서 자존감도 쑥 올라간다는데. 읽어주자!'

얼른 고무장갑을 벗어 던졌다. 그 자리에 주저앉았다. 창현이가 싱글벙글하며 옆에 앉아 책을 건넸다.

"길을 만들어요. 표지판을 세우고 지도를 봅니다."

정성껏 책을 읽고 난 후 창현이에게 말했다.

"창현아, 엄마 설거지하고 있었거든. 설거지마저 마무리하고 또 읽어주면 안 될까?"

"엄마, 기다리고 있을게. 또 읽어 줘~"

창현이는 더 떼를 쓰지 않았다. 읽었던 책을 다시 펼쳐 제 나름대로 읽어가며 재잘거렸다. 나는 콧노래를 부르며 다시 설거지했다. 왠지 좋은 엄마가 된 것 같은 기분에 신이 났다. 어느새 책을 보던 창현이가 어디론가 가버렸다. 접시 두세 개쯤을 닦았을까.

"엄마, 나 또 읽어 줘."

"아냐, 오빠! 내가 먼저 왔잖아. 엄마 내가 먼저 왔어. 나부터 읽어 줘~"

'아, 이제 금방 헹구기만 하면 되는데.'

조금 전까지 하던 일을 그치고 아이에게 눈 맞춤을 하겠다는 마음이 작아졌다. 집안일은 서로 먼저 해결해 달라고 아우성을 치고 있는데 설거지 하나 마무리하기도 어려웠다. 설거지 이제 끝나가는데.

'아니야, 아침에 결심했잖아. 집안일보다 아이를 우선하기로.'

설거지가 미처 헹궈지지 않은 채로 싱크대에 남았다. 빨랫감을 모른 척했다.

책 읽어 달라는 것을 시작으로 아이들이 놀아 달라고 성화를 해댔다. 정신없이 오전 시간을 보내고 나서 점심시간이 훌쩍 다가왔다.

"애들아, 엄마 점심 준비할게. 놀고 있어."

"엄마, 물 줘."

이런. 물컵이 싱크대에 있다. 하나도 아니고 몇 개가 깡그리 싱크대 속에서 목욕하고 있다. 아침 식사 때 "이 컵 아니야, 저 컵 아니야!" 하며 컵 쇼핑을 하던 딸 덕분에 컵이란 컵은 죄다 담겨 있다. 대충 물컵을 헹궈서 물을 담아 창현이에게 건넸다. 다시 식사 준비를 하려고 섰다. 도마와 칼이 제자리에 보이질 않았다. 비누 거품이 남은 채로 싱크대에서 기다렸던 모양이다. 얼른 도마와 칼을 헹궈서 음식을 준비하는데 필요한 그릇도 수저도 싱크대에 있었다. 결국, 식사 준비를 하고 밥상을 차리던 손은 하던 일을 중단하고 싱크대로 향했다. 남은 식기들을 헹구고 있는데 창현이가 다가와서 옷자락을 끌어당겼다.

"엄마, 밥 안 해? 나 배고픈데 밥 안 줘? 밥 준비해야지."

이리저리 왔다 갔다 하며 부산스럽던 나는 혼이 빠진 것만 같았다. 조리대에는 음식을 하려고 널어놓은 채소들이 가득했다. 싱크대 속에는 거품을 머금은 그릇들이 내 손길을 기다렸다. 내 옷자락을 이끄는 창현이는 배고프다며 보챘다.

'이게 다 육아서 때문이야. 되지도 않는 육아서 따라가려다 가랑이가 찢어진 꼴이라고! 내 이놈의 육아서를 진짜!'

엄마의 현실을 전혀 고려하지 않고 마구 샷을 날리는 육아서를 홈런으로 날려 버리고 싶은 마음이 굴뚝같았다. 마음속에 짜증이 가득 차올랐다. 엄마가 어떤 상태인지 알 리 없는 창현이는 어서 밥을 달라고 조르고 졸랐다.

"기다려! 엄마가 누구 때문에 이렇게 정신없는데!"

결국, 짜증을 내버렸다. 우장창창. 아침에 정성껏 쌓아 올린 아이의 자존감이 와르르 무너지는 소리가 귓가에 울렸다. 놀란 나머지 손으로 입을 가렸다.

"창현아, 미안해. 엄마가 너무 바빠서 짜증을 내버렸네. 조금만 기다려. 얼른 해 줄게."

내뱉은 말을 주워 담으려고 창현이를 달랬다. 귀까지 축 처져버린 창현이를 달래기엔 역부족이었다. 어서 점심을 차려주는 것이 아이를 달래는 길이라 생각하며 최대한 빨리 아이들의 밥상을 차렸다.

"창현아, 밥 먹어. 효린아. 효린이도 와서 밥 먹어."

효린이는 앉아서 맛있게 밥을 먹는데 배고프다던 창현이는 시큰둥했다.

"창현아, 맛이 없어?"

"엄마, 화났어?"

생각지 못한 창현이의 대답에 놀랐다.

"아니, 엄마 화 안 났어. 엄마가 화난 줄 알았어?"

"응. 아까 엄마가 화냈잖아."

아이의 마음을 알아주지 않아 상처받았던 모양이다. 아이의 마음도 모르고 오직 점심 준비에 열을 올렸다. 아이의 밥맛을 좋게 하는 것은 맛있는 반찬두 비싼 요리도 아니고 엄마의 즐거운 기분인 것을. 엄마가 즐겁고 맛있는 표정이면 아이에게는 더욱 즐겁고 맛있는 요리가 된다는 것을 지나쳤다.

"창현아, 엄마가 아까 큰 소리 내서 정말 미안해. 엄마가 너무 바빠서 엄마도 모르게 큰소리가 나왔어. 창현이가 많이 놀라고 속상했구나. 엄마가 창현이 마음도 몰라주고 미안해."

어두웠던 창현이의 표정이 그제야 밝아졌다. 다시 힘찬 숟가락질을 해대며 맛있게 밥을 먹었다. 창현이의 식단은 양도 줄고 맛도 없어졌지만 맛있게 먹었다. (창현이는 고지방 저탄수화물 '케톤 식이요법'을 진행했다. 식사량은 기본 식사량의 1/3도 채 되지 않았고, 그마저도 올리브 오일이나 다른 오일을 소주 컵 반 컵 이상 마셔야만 했다.)

"창현아, 맛이 어때? 맛있어? 괜찮아?"

조금이라도 창현이가 좋아하는 식단을 찾으려고 온갖 촉각을 곤두세우며 질문했다. 창현이는 대부분 맛있다고 얘기했다. 깨끗하게 그릇을 비울 땐 작은 거인에게 얼마나 감사했는지 모른다. 쓸어내렸다. 하지만 오늘의 일을 계기로 중요한 것은 음식의 맛이 다가 아니라는 것을 알았다. 엄마의 기분이 아이의 입맛을 좋게도 나쁘게도 한다는 것. 어쩌면 아이의 하루가 즐겁고 즐겁지 않은 것은 엄마의 영향이 크지 않을까?

얼마 전 들었던 어린 싱글맘의 이야기가 떠오른다. 겨우 19살 어린 나이에 딸을 낳은 그녀는 누구의 도움도 받지 않고 홀로 아이를 키워 왔다고 했다. 어느새 딸은 훌쩍 자라 중학생이 됐다. 엄마는 딸의 행복한 삶만을 꿈꾸며 밤낮으로 고된 일을 하면서도 견딘다고 했다. 엄마의 마음과는 달리 딸은 갈수록 어긋나고 집으로 돌아오고 싶지 않다고 했다. 엄마의 심정에는 처음부터 끝까지 우울함과 좌절, 슬픔이 배어 있었다.

창현이가 아프고 나서 네모난 창문만 보면 뛰어내리고 싶은 충동을 느꼈던 나. 왜 내게 이런 어마어마한 일이 벌어졌는지, 왜 내가 창현이를 떠안아야 하는지 모르겠다며 온갖 부정적인 생각을 노상 했다. 창현이와 효린이의 기분은 어땠을까. 일그러진 표정의 엄마와 하루를 보내야 하는 아이들의 심정은 과연 어땠을까. 아이가 부를 때 아이에게 먼저 응답하는 것 중요하다. 아이의 부탁과 요구에 엄마가 반응할 때 아이는 존중받는다고 느끼니까. '엄마는 어떤 일보다 나를 아끼고 먼저 생각해주는구나.'하며 자존감도 크게 오른다. 하지만 오로지 아이를 위한답시고 엄마의 기분은 철저히 배제된 채 로봇 같은 경청과 공감이 진실로 아이가 행복한 길일까? 아이의 하루가 즐거울까? 오늘 아침 적극적인 엄마의 반응에 창현이의 자존감이 크게 향상됐다. 마지막에 내뱉은 짜증은 한순간에 와르르 무너뜨려 버렸지만. 육아서를 읽고 공들게 쌓은 탑은 허무하게 무너져 버린 것이다.

'아이를 위하고 자존감을 높여주는 것도 엄마가 먼저 행복해야 하는구나.'

무조건 책을 따라 하려고 했던 나를 반성했다. 여전히 아이들은 내가 정신없이 바쁠 때 신경 쓰지 않고 무언가를 들고 달려온다. 여유가 있는 시간에는 하던 일을 멈추고 아이들을 바라봐 주지만, 여유가 없을 때는 무리하지 않기로 했다. 아이에게 양해를 구한다.

"얘들아, 엄마가 함께하고 싶은데 엄마가 지금은 해야 할 일이 있단다. 미뤄 두면 바빠져서 더 놀아줄 여유가 없을 것 같아. 조금만 기다려줘."

"응. 기다리고 있을게."

"기다려줘서 정말 고마워. 사랑해."

"응, 나도 사랑해 엄마."

처음에는 서운한 기색을 보였던 아이도 어느새 이해한다. 아이라고만 생각한 작은 거인은 천천히 양해를 구하면 고개를 끄덕이며 이해로 보답한다는 것을 왜 이제야 알았을까!

엄마의 마음

"엄마, 나 콧물이 나."

아침저녁으로 일교차가 큰 가을이 왔다. 낮에는 햇살이 더워 아직 반소매를 입을 날씨였다. 제법 바람이 차가워 외투를 걸쳐야 했다. 울긋불긋 단풍이 물들고 마음에는 국화가 피는 아름다운 계절이지만 우리 집은 가을이 아닌 불청객이 찾아왔다. 아침에 일어난 효린이가 콧물을 훌쩍이며 나를 찾았다.

"엄마, 콧물 나. 나, 코가 막혀."

어젯밤에 덥다고 이불을 차 버리더니 새벽 찬 기운에 감기에 걸린 모양이다. 코를 팽 풀고서는 줄줄 흐르는 콧물을 들이댔다. 휴지를 건넸다.

"엄마가, 엄마가 닦아줘."

몸이 안 좋은 모양이다. 목소리에는 짜증이 묻어났다. 흐느적거리는 것이 온몸으로 나 감기 와서 아파!하는 시늉을 했다.

"콧물이 나서 몸이 안 좋아? 그럼 엄마가 닦아줄게."

효린이는 얼굴을 쭉 들이밀었다. 콧물을 닦았다. 붉게 홍조를 띤 얼굴이 스치는 감기 같지 않았다.

"엄마, 나 몸이 안 좋아."

콧물을 닦고 거실 한 가운데에 누워 버리는 효린이를 보니 하루 쉬게 해야 할 것 같았다.

"효린아, 오늘은 어린이집 하루 쉴까?"

"응. 나 몸이 아파. 집에 있을래."

평소에 시끄럽게 재잘거리며 한시도 가만히 있지 않은 딸인데 많이 아프긴 아픈 모양이다.

"선생님, 효린이가 오늘 몸이 좋지 않네요. 하루 쉬게 하고 보낼게요."

"어머니, 효린이가 많이 아픈가 보네요. 하루 푹 쉬고 보내주세요."

선생님께 전화를 드린 뒤 효린이 이마를 짚었다. 이마가 약간 뜨끈했다. 체온계를 가져와 열을 재니 37.9도였다.

'미열이 있구나.'

훌쩍거리며 누워있는 효린이 옆으로 창현이가 쓱 다가왔다.

"엄마, 효린이 아파? 나도 아파. 나도 열 재 줘."

이 녀석들은 아픈 것도 질투한다. 하나가 체온을 재면 하나가 꼭 체온을 재야 성이 풀린다. 상처가 나서 연고를 발라도 서로 연고를 발라야 한다며 아우성이다.

"그래, 창현이도 이리와 봐. 엄마가 열 재줄게. 36.9도! 우리 창현이는 열이 없네."

효린이가 아픈 탓에 창현이도 덩달아 집에 있게 됐다. 창현이는 직접 유치원에 태워주고 데려와야 하는데 효린이가 아파서 데리러 갈 형편이 되지 않았다. 창현이 선생님께도 전화를 드렸다. 전화를 끊고 아이들을 돌아보았다. 방금까지 아프다며 드러눕던 효린이가 신나게 뛰어다녔다.

'어린이집 보낼 걸 괜히 안 보냈나.'

효린이는 뛰어다니면서 땀 범벅이 됐다. 온종일 아이들은 뛰고 굴렀다. 오후 4시가 되어서야 잠에 빠졌다. 아이들이 잠든 틈에 감기에 도움이 될 만한 죽과 차를 끓였다. 뒤죽박죽 엉망이 된 집을 치웠다.

'이제 좀 앉아 쉴까?' 생각하는 찰나 아이들이 일어난 소리가 들렸다. 엉덩이를 땅에 붙일 새도 없이 하루가 꼬박 지나갔다. 늦게 잔 탓인지 밤 게까지 놀았다. 효린이는 땀이 났다가 식었다가 반복하면서 감기가 심해질까 봐 몇 번이나 수건으로 닦아주고 가볍게 씻겼다. 엄마의 전전긍긍하는 마음을 아는지 모르는지 아이들은 늦게까지 뛰다가 잠자리에 들었다.

밤 10시가 훌쩍 넘어서야 엉덩이를 땅에 붙였다. 남은 집안일이 많았지만, 파김치가 된 몸은 씻기도 버거웠다. 겨우 가볍게 씻고선 몸을 뉘었다. 곤히 자는 효린이의 이마에 손을 갖다댔다. 좀 전까지 괜찮은 듯했는데 다시 뜨끈한 게 예감이 좋지 않았다. 얼른 체온계를 찾았다. 좀 전까지 엉덩이를 떼는데도 버거운 몸이 아니던가! 체온계를 찾으러 벌떡 일어서는 내게 어이가 없었다. 39.9도!

효린이 이마가 다시 불덩이였다!

'어떻게 하지. 해열제를 먹일까. 약은 몸에 해롭다고 하던데. 열이 많이 올라서 창현이처럼 경기라도 하면 어쩌지. 그래도 해열제를 먹일수록 자가면역은 떨어진다고 하던데……. 바이러스를 죽이려면 열이 올라야 한다고 하던데 어떻게 하지?

마음속에서 약 하나를 두고 갈등이 생겼다. 창현이에게 먹이는 어른 밥숟가락 한가득 되는 양의 약을 볼 때면 진저리가 처졌다. 약이 우리 몸에 전혀 도움이 되지 않는다고 생각하지만, 창현이는 어쩔 수가 없었다. 효린이에게만은 몸에 해로운 약을 먹이고 싶지 않았다. 콧물이 너무 심하거나 기침이 너무 심할 때 증상을 완화해 주는 시럽 1가지만 조금 먹이곤 했다. 약을 먹지 않아도 된다고 자신만만했지만, 효린이가 경련하고 난 뒤부터 나는 늘 고민할 수밖에 없었다.

　그러던 어느 날, 효린이가 감기에 걸렸다. 고열이 났다. 밤새 닦아주고 추워하면 이불을 덮어주며 남편과 밤을 지새웠다. 깜박 잠이 들었는데 누군가 소리를 질렀다. 침대 위에서 잠깐 눈을 붙이던 남편은 이불을 던지고 후다닥 뛰어내려왔다. 효린이 옆에서 깜박 잠이 든 나도 벌떡 일어났다. 경련에 자동반사를 하는 우리 부부는 늘 하던 대로 처치했다. 하지만 내 마음은 사시나무 떨리듯 덜렸다. 경련하는 아이가 창현이가 아니라 효린이었기 때문에! 남편은 아무렇지 않다는 듯 태연하게 대처하는 것을 보고 나보다 낫다고 생각했다.

　"뭐야! 효린이었어?"

　남편이 소스라치게 놀라며 소리쳤다.

　늘어진 효린이를 안으며 말했다.

　"효린인 줄 몰랐어?"

　"응. 난 잠결에 눈도 안 뜨고 하던 대로 했지. 정신을 차리고 보니 효린이네!"

　"난 효린이가 경련하는 줄 아는 것 같았는데."

　남편은 잠결에 눈도 뜨지 않은 채로 몸이 반응하는 대로 행동했다. 경련이 끝나고 남편도 제대로 아이를 바라본 순간 축 늘어진 효린이가 보였나 보다.

　"어떻게. 어떻게."

우리 두 사람은 그 날 밤 망연자실한 채 새벽을 지냈다. 효린이는 열이 떨어졌고 건강을 회복했지만, 우리 두 사람의 공포는 회복되지 못했다. 다음 날 창현이가 다니는 병원에 효린이를 데리고 가서 진료를 받았다. 뇌파검사도 진행했다.

"아주 미세하게 경기파가 보입니다만, 이번이 처음이고 고열이 나서 했던 경련이니 좀 더 지켜봅시다. 경련을 한 번 더 하면 MRI 검사와 다른 검사들을 해 봅시다."

진료가 끝난 후에도 우리 부부는 한참이나 침묵했다. 다시 한번 떠올려 봐도 효린이가 경련했던 날은 아찔했다.

'그냥 다시 해열제를 먹일까.'

안심은 되겠지만 효린이가 병을 이겨내는 데는 도움이 되지 않을 것 같고 쉽사리 결정을 내리지 못했다. 별것도 아닌데 고민한다 하겠지만 엄마의 입장에선 아이에게 최대한 도움이 될 수 있는 결정을 내리고 싶은 마음에 선뜻 결정을 못했다. 효린이의 몸과 마음을 믿기로 했다. 40도가 넘어서면 해열제를 주기로 했다. 보일러를 따뜻하게 하고 이불로 감쌌다. 어릴 때 엄마가 했던 말이 생각났다.

"땀 푹 내고 자고 일어나면 낫는 거야."

끙끙 앓고 있는 효린이에게 나지막한 목소리로 말했다.

"효린아, 괜찮아. 우리 효린이는 씩씩하게 이겨낼 거야. 엄마는 믿어. 건강하게 이겨내자. 외할머니가 엄마한테 그랬어. 땀 푹 내고 자고 나면 괜찮을 거라고! 효린이도 땀 푹 내고 자고 나면 괜찮을 거야."

효린이는 40도 정점까지 올랐다. 내 마음이 요동쳤다. 효린이가 경련하지 않을까 걱정이 됐지만 믿었다. 효린이를. 정점까지 치솟은 열은 어느새 땀이 되었다. 이마에 땀이 송송 맺혔다. 멈췄던 내 숨은 깊은 한숨을 토하며 평온을 찾았다. 그 후로 내가 어떻게 잠들었는지 기억도 나지 않는다. 새벽 6시쯤 마지막으로 효린이 이마에 열이 없는지 확인한 뒤 눈을 감았던 기억밖에. 효린이는 다음 날 아침 열이 내리고 아픈 것이 다 나았다. 효린이와 함께한 밤은 길고도 길었다. 숱한 갈등 속에서 머리를되어 쥐어뜯으며 밤을 새웠다.

문득 어린 시절 아버지의 등이 떠올랐다. 아버지의 등에 업혀 들썩거렸던 기억. 그 밤에 아버지는 열이 펄펄 끓는 나를 둘러업고 병원을 찾았다. 의원이며 약국이며 문을 두드렸다. 아빠의 숨 가쁜 목소리와 호흡은 아직도 내 심장에 고스란히 남아 있다. 밤새 훌쩍거리는 엄마의 목소리와 손길은 내 이마에 온기로 남아 있다. 부모의 마음이란 것이 이런 걸까! 부모가 되어 봐야 부모 마음을 안다더니 나를 키우느라 고생하신 부모님을 생각했다. 어젯밤 전전긍긍하며 들썩였던 내 마음은 열이 끓던 밤 부모님이 들썩였던 마음이었다. 내 가슴을 슬프게 했던 한숨 섞인 엄마의 한 마디.

"휴, 엄마가 대신 아팠으면 좋겠다."

대신 아프고 싶다는 엄마의 한 마디를 이제야 몸소 깨닫는다. 정말 대신 아파줄 수만 있다면. 아픈 아이를 둔 부모라면 누구나 간절히 바라는 이 한마디가 진심으로 와 닿는다. 이제야 비로소 진짜 엄마가 되어가나 보다.

엄마, 당신은 어떻게

"경기 침체로 인한 서민 경제의 불황이……."

뉴스를 틀면 연일 반복되는 보도. IMF 이후로 경기가 나아졌다고는 하나 경기 회복이 되었다는 보도는 가뭄에 콩 나듯 했다. 밖에 나갔다 들어오면 주머니에 현금을 가지고 들어오시던 아버지도 세금계산서니 뭐니 하면서 얄팍한 주머니를 숨겨 들어오시곤 했다. 노을이지는 저녁 무렵이면 돈을 세고, 가계부를 정리하던 엄마의 시간이 짧아졌다. 가계부를 펼친 것 같은데 금방 툭 하고 둔탁하게 닫히는 노트 소리와 엄마의 한숨 소리가 안방 문을 열고 나왔다.

"집에만 있으면 심심하고……. 텔레비전만 보고 놀아서 뭐해? 살만 찌고. 돈도 벌고, 사람들도 만나고 좋지."

얼마 후, 엄마는 집에서 100m 정도 거리에 있는 숟가락 공장으로 출근을 하셨다. 어렸던 나는 이 모든 상황이 엄마의 여가인 줄만 알았다. 정말 엄마의 말

그대로 심심하니까 놀기 삼아 돈도 버는 일거양득의 직장이라고 생각했다. 그런데 일을 다녀온 엄마의 모습이 즐거울 때보다 지치고 힘들어 보일 때가 많았다. 엄마 말대로 심심해서 놀기 삼아 하는 일이라면 다녀와서도 즐거워야 할 텐데 어린 눈이 보기에도 뭔가 지쳐 보인다는 느낌을 받았다. 더군다나 엄마는 저녁 8시, 9시까지 근무하시기도 했다. 아침 일찍 나서서 밤늦게까지.

"별로 힘든 것도 없는데 야간 하면 돈도 더 준다고 하더라고요. 애하고 알아서 챙겨 먹어요."

아빠가 들고 있는 수화기 너머로 엄마의 목소리가 들렸다. 엄마는 그렇게 야근, 주말 특근, 가리지 않고 일을 하셨다. 바보 같은 나는 엄마가 그냥 놀기 삼아 다닌다고 믿었다. 어느 토요일. 나는 내 교복을 빨고 있었다. 화장실 한쪽에 놓인 엄마의 작업복 셔츠가 들어왔다. ○○금속이라고 노란 금박으로 박혀 있는 공장 이름이 손톱으로 칠판을 긋는 것처럼 세한 느낌이 들었다. 얼룩덜룩 검게 묻어 있는 기름에서 타이어 냄새가 났다.

"나는 힘든 일은 안 해요. 원래 기술 있어야 하는데 요령이 있어 보이는지 시켜주더라고요. 그래서 훨씬 힘이 덜 들어요. 요래 요래 앉아 가위에 숟가락을 넣고 발로 밟으면 끝이야. 하나도 안 힘들어요."

엄마는 힘들지 않는다는 걸 몇 번이나 강조하면서 무용담처럼 밥상머리에서 엄마의 일을 설명하셨다. 엄마는 앉아서 오른손으로 손잡이만 완성된 숟가락을 기계에 넣고, 발로 밟아 찍어 눌러 둥그런 형태를 만드는 일을 하셨다. 컨베이어가 돌아가듯 앉아서 노상 밟고 찍는 일을 하신 것이다. 무거운 금속들을 다 찍어내고 나면 또 한 바구니 가득 가져오는 일은 덤이었다. 그 날 나는 엄마의 기름 밴 셔츠에 빨랫비누를 문지르고 또 문질렀다. 코를 찌르는 기름 냄새를 걷어버리고 뽀송뽀송한 빨랫비누 향을 입히고 싶은 마음에. 다음 날 뽀송한 빨랫비누 향을 머금은 셔츠를 다리미로 빳빳하게 다렸다. 구겨진 주름이 펴지 듯 엄마의 기분이 조금이나마 펴지길 바라는 마음으로. 그때 엄마가 지은 표정 과 말이 잊히지 않는다.

"이야. 우리 딸이 다려준 셔츠 엄마가 일하러 가서 자랑해야겠다. 나는 딸래 미가 작업복도 다려준다고."

잘은 몰라도 엄마의 일은 힘들고 고될 텐데도 엄마는 항상 밝으셨다. 언제나 괜찮다는 말을 입에 달고 사셨다. 엄마의 밝은 힘은 대체 어디서 나왔을까? 엄 마의 고통은 날이 갈수록 더해졌다. 무거운 금속을 들었다 놓았다 하는 일이 수시로 반복되고, 엉덩이에서 진물이 흐르는 열기를 경험하셨을 것이다.

내가 다닌 첫 직장에서는 일이 무척 많았다. 쌓인 서류와 온종일 눈을 떼지 말아야 할 치매 어르신들과 함께 있는 시간은 밥 먹는 시간도 3분 내외였다. 오 죽하면 가족들이 다 일어나고서도 한참 뒤에야 식사를 마치는 내가 식사량을 1/5로 줄였을까? 일이 바빠 화장실을 제대로 가지 못하는 날이 많아졌다. 어느 새 부끄럽고도 말 못 할 아픔을 경험했다. 항문 질환을 심하게 앓았다. 주말에 집에서 너무 아파 끙끙 앓았다. 화장실에 가기가 겁이 나고 두렵기는 처음이었 다. 아파하는 내 옆에서 안타까운 표정으로 등을 쓰다듬던 엄마가 말했다.

"많이 아프지? 어쩌면 좋니? 바로 앉지도 못할 텐데. 엄마도 숟가락 공장 다 닐 때 앉아만 있고 화장실도 잘 못가고 하니까 병이 나더라. 너무 아파서 밤마 다 화장실에서 끙끙 앓고 울었다."

아파서 엎드려 있던 나는 눈물이 났다. 전혀 몰랐다. 엄마가 그렇게 아파하 셨다는 것을. 엄마는 늘 괜찮다고 하셨고, 밝으셨기 때문에 상상도 하지 않았 다. 엄마는 놀기 삼아 했다고 했지만 아픔을 참고 일을 하셨던 건다며 것이다. 엄마는 생계를 위해 집을 나섰고, 고통까지 끌어안으며 견디셨던 것이다.

일하신 지 두 해가 흘렀을까? 겨울이면 발에 사혈을 꼭 하시곤 했다. 검을 피와 거품이 부글부글 끓어 나왔다. 추운 겨울 앉아서 왼발로 열심히 숟가락을 찍을 동안 오른발은 꽁꽁 얼어가고 있었다. 엄마의 마음을 단 한 번도 이해하려 하지 않았던 나는 '엄마가 상당히 추웠던 모양이구나.'라고 넘겨버렸다. 팍쉬어 물컹해진 단무지 같은 생각만 했다. 만약 지금 내가 어린 시절의 나를 만날 수만 있다면 회초리로 한 대 후려치고 싶은 심정이다.

가족들의 이런 무심함에도 엄마는 자랑스럽게 이야기하셨다.

"거기에 가면 다 할머니들뿐이다. 요새 할머니들이 그래. 저 젊은 것이 이 일을 견딜 수가 있겠냐고. 한 일주일 하다 그만둘 거라고. 오래 가면 한 두 달 가겠나. 그런데 내가 이 일을 5년이 다 되어 가도록 하는 게 믿기지 않는다고 하더라."

"와, 엄마 대단하다. 엄마 안 힘들어?"

"괜찮다. 별로 안 힘들다. 요령이 생겨 술렁술렁한다."

엄마는 또 괜찮다고 웃으시며 손사래를 쳤다. 엄마의 작업복은 닳고 구멍이 났다. 아무리 빨랫비누로 힘을 주어 빨아도 기름은 배이고 배였다. 기름 냄새가 빨랫비누 향을 맛있게 삼켜버렸다. 엄마의 괴로움, 고통, 인내, 그 모든 것이 작업복 셔츠에 고스란히 담겨 있었다. 빨면 빨수록 왜 그렇게 눈시울이 붉어지던지. 단무지 같던 나도 어느새 김밥이 되는 모양인지 어서 취업하고 돈 벌어서 엄마를 행복하게 해 드리고 싶다는 결심을 불끈불끈했다.

어느 포근한 가을날, 아빠와 나는 엄마 생신을 맞아 이벤트를 준비했다. 아빠가 100송이 장미를 사 오셨고, 우리 둘은 공장으로 깜짝 배달을 떠났다. 공장 정문에서 엄마를 기다린 적은 있었지만, 엄마를 만나러 공장 안으로 들어가는 것은 처음이었다. 엄마가 어디 있을지 궁금하기도 하고, 엄마가 기뻐할 모습을 상상하며 룰루랄라 콧노래를 불렀다.

"수빈아, 이 앞에 공장 건물 보이지? 저쪽으로 가면 너의 작은고모가 있다. 작은고모한테 엄마 일하는 데가 어딘지 물어봐라. 엄마는 아마 더 안에 있는 건물일 거다."

"네. 아빠."

나는 정문을 지나 작은 고모가 일하고 있는 건물로 달려갔다.

"누굴 찾아왔니?"

작은고모를 만나기 전에 엄마와 같은 작업복을 입고 있는 아저씨가 나를 불렀다.

"저희 엄마 찾아왔어요. 엄마 이름은 이보연인데요. 어디 계실까요?"

아저씨는 나를 위아래로 훑더니 꽃다발을 든 손을 보고 빙긋 웃으며 말했다.

"아, 네가 이보연 씨 딸 되는가 보네. 날 따라오렴."

나는 아저씨를 따라갔다. 양옆으로 오픈된 공장 건물을 지나니 입구 쪽에서 열심히 숟가락을 찍어대는 엄마가 보였다.

"자, 저기 너희 엄마 보이지? 가 봐라."

아저씨가 말을 끝내기도 전에 아저씨의 손끝 방향으로 달려갔다.

"엄마!"

"너, 여기에 웬일이야? 왜 왔어?"

엄마는 말과 다르게 정말 반가운 표정이었다.

"엄마, 자. 아빠가 이거 갖다 주란다."

"이게 뭐야? 아이고. 꽃다발 아니니."

"엄마, 생신 축하해요~"

어느새 엄마와 내 주변으로 아주머니들이 빙 둘러서서 손뼉을 쳤다.

"아이고, 언니! 오늘 한턱 쏴라. 좋겠다! 부럽다."

여기저기서 장난스러운 야유가 박수와 함께 들려왔다.

"그래, 내가 오늘 한턱 쏠게."

그날 엄마는 세상에서 가장 행복한 웃음을 지으셨다. 나를 배웅하기 위해 성큼성큼 걷는 걸음걸이는 마치 덩실덩실 춤을 추는 것과 같았다. 엄마에게 이벤트를 하러 간 날 나는 보았다. 엄마의 일터를. 온통 검은 배경에 셔츠에 은은하게 밴 기름 냄새가 강하게 나는 곳. 작업을 멈추지 않으면 괴물 같은 기계의 울부짖음에 대화조차 할 수 없는 그런 곳이라는 것을. 엄마의 셔츠 주머니에 왜 내가 자율 학습 시간에 쓰던 귀마개가 들어있는지 비로소 이해가 되는 열악한 곳이었다. 그날 집으로 돌아오는 길에 아빠는 내게 이런저런 말을 걸었지만 나는 아무런 말을 할 수가 없었다. 엄마가 행복해하는 모습은 너무 기쁜 일이었지만 외할머니, 외할아버지의 사랑을 독차지하며 귀하게 자란 엄마의 인생 중반이 왜 이렇게 되었나 하는 생각에 입이 떨어지지 않았다. 대체 엄마가 뭐길래. 대체 엄마란 자리가 무엇이길래 엄마는 아빠에게 한마디 잔소리도 하지 않고 가계부를 덮는 한숨을 거두고 공장으로 나간 것일까. 힘들면 힘들다고 나처럼 투정도 부릴 수 있을 텐데 아픔까지 꼭꼭 숨겨가며 괜찮다고 웃으셨던 것일까.

아픈 창현이를 안고 갖은 원망을 쏟아냈던 적이 많았다.

'부처님, 저는 왜 이런 업보를 받아야 합니까! 대체 제가 뭘 그렇게 잘못했다고……'

하지만 원망만 늘어놓을 수 없는 노릇. 햄릿처럼 죽느냐, 사느냐의 갈림길에 서서 살아남기를 택했다. 창현이는 아프고 차도는 없지만, 가족으로 함께 할 수 있음에 기뻐했다. 어머니가 그렇게 입에 달고 살았듯 '괜찮다. 괜찮다. 안 힘들다.'라는 말을 수백 번 되뇌었다. 엄마가 되고도 알지 못했던 엄마의 마음은 지금에서야 조금씩 이해가 된다. 개똥철학이나 그럴듯한 말로 정의할 수는 없지만 '그래도 괜찮아. 괜찮아. 나는 하나도 안 힘들어.'하며 울음을 삼키고 밝게 웃을 수 있는 사람, 그게 바로 엄마가 아닐까.

자기 몸이 닳는 줄 모르고 낙서를 말끔히 지워 주는 지우개 같은 삶을 살았던 우리 엄마. 낙서에는 고통과 시련, 고난이 모두 있었지만, 항상 괜찮다며 쓱쓱 싹싹 문질러주셨던 우리 엄마. 엄마의 삶을 따를 수 있을까만은 엄마의 마음의 1/10만이라도 닮고 싶다. 엄마, 감사합니다. 사랑합니다.

제2장
창현이 이야기

조용 + 호기심 = 참사

"와! 엄마, 하얀 강아지야."

호기심 많은 창현이는 길을 가다가 종종걸음을 멈춘다. 지나가는 하얀 강아지가 너무 예뻐서 강아지가 싫어하건 주인이 싫어하건 말건 신경 쓰지 않는다. 기어코 꼬리라도 만져봐야 성에 찬다.

"엄마, 나뭇잎이야."

마음에 드는 나무 앞에서 나뭇잎을 뜯고 강아지풀을 뜯는다. 바닥에 흩어진 모래라도 있으면 모래 장난을 한참을 하고서야 일어선다. 창현이는 호기심이 충만한 아이다.

하루는 저녁 준비에 한창 열을 올렸다. 냉장고와 조리대를 왔다 갔다 바쁘게 저녁 준비를 했다. 냉장고에서 양파를 꺼내오는데 뭔가 발에 채인다. 내려다보니 치킨에 딸려오는 작은 조미 소금이 냉장고에서 떨어졌다. 바쁘고 정신없는 나머지 쓱 쳐다보고는 조리대로 갔다.

"엄마, 저녁 준비하고 있지?"

배고픈 창현이가 어김없이 찾아와 졸랐다. 소스가 있는 장을 열었다 닫았다가 하고 소금 통을 꺼냈다가 넣었다가 하며 기웃거렸다. 창현이가 기웃거리는 통해 요리하는 동선에 방해가 됐다.

"창현아, 저기 거실에 가서 놀고 있을래? 창현이가 여기 와서 왔다 갔다 하니까 엄마가 음식 준비를 하기 무척 불편해. 창현이가 신경 쓰여서 준비하기가 어려워."

창현이는 계속 기웃거리더니 내 얼굴에 짜증이 묻어나는 것을 보자 뒤로 물러섰다. 재촉하는 창현이를 위해 얼른 식사를 준비해야지 하면서 바삐 움직였다. 다행히 창현이는 다시 와서 방해하지 않았다.

"엄마, 발이……."

준비가 끝나갈 무렵 창현이가 다가와 뭐라고 이야기했다.

"응? 뭐라고?"

"엄마, 발이 아파."

창현이는 오른쪽 발바닥을 들어 올려 아프다며 보여 줬다.

"발바닥이 아파? 엄마가 얼른 하고 봐줄게. 호 해줄게. 호. 조금만 기다려."

피가 나거나 상처가 나는지 대충 보고선 크게 별일 아닌 듯해서 기다리라고 했다. 잠시 기다리던 창현이는 화장실로 뛰어갔다. 물 트는 소리가 들렸다.

'뭐 씻으러 갔나? 발이 불편해서 씻으러 갔나?'

물소리에 잠깐 무슨 일인가 싶었다가 일단 저녁을 마치고 보자 싶어 요리에 집중했다.

"창현아, 밥 먹어."

다 차려진 식사를 들고 식탁으로 향하는 내 발바닥에 뭔가 까끌까끌한 찜찜

한 촉감이 느껴졌다.

"뭐지.?"

내려다본 순간 바닥은 하얀 가루와 까만 가루가 뒤섞여 흩어져 있었다. 아까 내 발에 채였던 조미 소금 봉지가 잘게 뜯어져 있다. 바닥은 엉망이 된 채로. 그제야 모든 상황이 이해가 되기 시작했다.

'창현이가 조용했던 것은 내 뒤에서 조미 소금을 뜯고 있었던 거야. 발바닥에 소금이 들러붙어 불편하다고 호소했던 거고. 엄마가 기다리라고 하니까 알아서 씻으러 갔던 거야.'

손에 들린 밥을 내려놓고 휴지를 찾았다. 화장실에서 씻고 나온 창현이가 밥을 가지러 달려왔다.

"기다려, 오지마! 여기 소금으로 엉망이야. 이걸 이렇게 다 뜯어 놓으면 어떻게. 엉망이 됐잖아."

창현이가 걸어간 길을 따라 소금 발자국이 나 있고, 바닥이 바스락거렸다. 하필 이럴 때 청소기도 말썽이다. 걸레를 들어 소금을 쓸어 모았다. 바스락거리는 아주 고운 소금들은 바닥 틈 사이 자리 잡았다. 멀찌감치 있던 효린이가 특종이라도 잡은 듯이 뛰어왔다.

"엄마, 왜? 무슨 일이야? 오빠가 쏟은 거야?"

내 목소리는 냉랭한 저음으로 바뀌어 대꾸했다.

"효린아, 가까이 오지 마. 여기 엉망이야."

"응, 엄마. 근데 무슨 일이야? 엄마 화났어?"

창현이는 내 눈치를 보며 식탁에 엎드린다. 효린이는 뭔가를 캐내려는 기자처럼 계속해서 쪼아댔다.

"효린아, 엄마 지금 이것 치워야 해. 기분이 좀 안 좋으니 조금 있다가 이야기하자."

나를 쓱 한 번 올려다보더니 고개를 끄덕이며 뒷걸음쳐 떨어졌다. 효린이가 떨어진 후, 걸레로 소금들을 쓸어 모으면서 내 입에선 연신 푸념을 했다.

"에구, 왜 소금을 뜯어서. 뜯었으면 뜯었다고 말을 하지."

푸념을 늘어놓다가 아차 싶었다.

'그때 내가 소금을 도로 냉장고에 넣어 두었더라면 이런 일은 없었을 텐데. 창현이는 궁금해서 뜯어보았을 뿐이고, 엉망이 될 거로 생각하지 않았을 텐데. 내게 발바닥을 보이며 도움을 요청했는데도 내가 제대로 봐 주지 않았던 것 아니었어?

차근차근 돌이켜보니 잘못은 내게 있었다. 조미 소금이 발에 밟혔을 때 모른 척했다. 아이가 도움을 요청했을 때도 바쁘다는 핑계로 대충 넘겼다. 그래 놓고 아이에게 푸념을 쏟아놓고 있는 꼴이란. 단지 창현이는 저녁 식사를 기다리다가 바닥에 놓인 조미 소금에 호기심을 가졌을 뿐인데. 엉망이 된 바닥을 보며 아이들에게 짜증과 푸념을 늘어놓았던 게 무척 미안했다. 창현이가 잘못했다고 한들 이미 벌어진 일인데. 그냥 수습하고 끝내면 될 것을. 거칠게 수습하며 두 번 세 번 아이에게 상처를 주고 있었다. 정리가 끝나고 난 후, 창현이에게 말했다.

"창현아, 미안해. 엄마가 먼저 바닥에 떨어진 것을 봤는데 모른 척했던 엄마 잘못이야. 바닥에 쏟았다고 엄마가 짜증을 냈던 것 미안해. 네가 발바닥이 엉망이라고 했을 때도 제대로 봐주지 못하고 미안해."

"괜찮아. 엄마. 바빴잖아."

울컥 눈물이 났다. 아이도 내 상황을 이렇게 이해해 주는데 나는 아이의 상황을 먼저 고려할 생각도 하지 않았다는 것이 부끄러웠다. 부끄러워 고개를 푹

숙인 나에게 창현이가 말했다.

"엄마, 맛있어. 엄마가 최고야."

"맞아! 엄마가 최고야. 정말 맛있어."

덩달아 효린이도 맛있다며 엄지손가락을 척 들어준다.

"아니야. 얘들아. 너희가 훨씬 최고야. 정말 고마워."

"엄마, 사랑해."

"엄마도 사랑해."

엉망이던 저녁에도 다시 평온이 찾아온다. 띵동.

"아빠다. 아빠 다녀오셨어요~"

아이들은 연신 아빠와 뽀뽀를 하며 재회의 기쁨을 나눴다. 아빠와 인사를 나
눈 후 둘은 장난감 방으로 뛰어들어갔다. 그 덕에 남편과 나는 뒤늦은 저녁 식
사를 했다. 평소라면 밥 먹는 동안에도 안아달라, 책 읽어달라, 놀아달라 하면
서 재촉할 녀석들인데 방에서 재잘거리는 소리만 들릴 뿐 식탁으로 찾아오지
않았다. 덕분에 편안하게 밥을 먹으면서도 방에서 무슨 일이 일어나고 있다는
불길한 예감이 들었다. 식사를 마친 남편이 일어섰다.

"이 녀석들 왜 이렇게 조용하지?"

남편은 아이들을 찾아 아이들 방으로 들어갔다.

"으악!"

남편의 비명에 놀라 방으로 뛰어들어갔다. 조용한 아이들은 작당 모의…….
역시 불길한 예감이 틀리지 않았다. 깔끔한 전셋집 벽에는 형형색색 아이들의
예술 세계가 현란하게 펼쳐져 있었다.

"엄마 이건 트리케라톱스고."

"이건 달팽이고~"

열을 올리며 그림을 설명하던 아이들이 엄마 아빠의 눈치를 살피더니 한 걸음 물러섰다. 그제야 뭔가 심상치 않음을 느끼는 두 아이. 목구멍에서 무언가 솟구친다.

'이해하자. 이해하자. 이해하자.'

'원래 하지 말라는데 더 하고 싶은 법이잖아. 여기가 우리 집이라면 덜 혼냈겠지? 지워질 거야. 무슨 방법이 있겠지. 이미 그림은 그렸는데 혼낸들 뭐해. 서로 감정만 상하지. 조미 소금 사건을 반복하지 말자.'

굳어진 얼굴을 풀었다.

"애들아, 벽에는 그림 그리는 곳이 아니야. 이제 스케치북에 그림을 그리자."

내 말이 끝나자 비명을 질렀던 남편이 아이들을 밖으로 데리고 나가며 말했다.

"자, 가자. 스케치북 가지러. 가서 스케치북에 그리자~"

아이들은 눈치를 살피다가 편안해진 얼굴로 따라 나왔다.

그날 밤 아이들이 잠들고 나서 우리 두 사람은 지우개로 열심히 그림을 지웠다.

"어차피 그림 그린 건데 혼내서 뭐해, 그치?"

"그래, 나도 그렇게 생각해. 순간 당황스럽긴 했는데 이미 그림 그린 거 별수가 없겠다 싶더라."

이미 벌어진 일 어쩌랴. 그래서 애들인 것을. 애들아 사랑한다. 사랑해.

수면 전쟁

"엄마, 우리 숨바꼭질하자."

창현이는 숨바꼭질 놀이를 무척 좋아한다. 저녁 식사를 마무리하고 돌아서면 기다렸다는 듯이 숨바꼭질 놀이를 제안한다. 그날도 어김없이 창현이는 숨바꼭질 놀이를 청했다.

"그래, 숨바꼭질하자."

"엄마, 아빠랑 내가 먼저 숨을게."

"알았어. 효린아 우리는 '꼭꼭 숨어라' 하자."

"응~"

"꼭꼭 숨어라. 머리카락 보인다. 꼭꼭 숨어라. 머리카락 보인다. 다 숨었니?"

"아니."

"꼭꼭 숨어라. 머리카락 보인다. 꼭꼭 숨어라. 머리카락 보인다. 이제 찾는다."

후다닥 문이 닫히는 소리와 함께 조용해졌다. 효린이와 마주 보며 눈을 찡긋 감았다.

"이제 찾으러 가 보자. 어디 숨었을까? 효린아, 어디 숨었을까?"

"음, 저기! 저기 가 보자. 엄마."

모르는 척 이 방, 저 방을 기웃거리며 두 사람을 찾았다.

"여기도 없네. 식탁 밑에 있나? 식탁 밑에도 없네. 여기 문 뒤에 숨었을까? 문 뒤에도 없네."

효린이는 재미있다며 까르르 웃고 난리가 났다. 그때 뭔가 키득거리는 소리가 들렸다. 효린이도 키득거리는 소리를 들었던 모양인지 얼른 내 손을 잡아끌었다.

"저기 가 볼까?"

"응. 저기 방에서 오빠 목소리가 들렸어. 저기 가 보자. 엄마."

효린이와 손을 잡고 슬며시 안방 문을 열었다. 문 뒤에도 없고, 커튼 뒤에도 없고. 이리저리 문을 열다 마지막 드레스룸이 남았다. 드레스룸 문틈 사이로 창현이의 웃음 섞인 숨소리가 들려왔다. 효린이와 나는 누가 먼저랄 것도 없이 문을 열었다.

"짜잔."

찾을까 싶어 두근거리며 숨었던 창현이와 아빠도, 찾아서 기쁜 효린이와 나도 서로 마주 보며 한참을 까르륵거렸다. 어느덧 시계가 9시 반을 지나고 있었다.

"얘들아, 이제 잘 시간이네. 밖에도 깜깜해요. 창현아, 약 먹고 자러 들어가자."

"한 번 더 하고 싶은데……."

창현이는 아쉬움이 가득 담긴 목소리로 고개를 떨궜다. 아쉬워하는 창현이가 안쓰러워서 곁에 있던 남편이 숨바꼭질 놀이를 한 번 더 제안했다. 숨바꼭질 앙코르 공연을 한 차례 더 하고 나서야 창현이의 아쉬움이 일부 해소된 것 같았다. 아직 아쉬움은 남아 보였지만 한 번 더 하자고 재촉하지는 않았다. 방으로 들어오기 전 남편과 눈빛을 교환했다. 아이들을 재우고 가볍게 맥주 한잔하기로 사인을 주고받았다.

"얘들아, 아빠 밖에 운동 좀 하고 올게."

"아이, 아빠 운동 안 가면 안 돼요?"

"아빠, 운동하고 금방 돌아올게."

"다녀오세요. 아빠."

남편은 아이들에게 본의 아니게 거짓말을 하고 나갔다. 남편이 안줏거리와 맥주를 사러 나간 사이 내 미션은 '아이들 재우기'였다. 방에 들어오자 아이들이 서로 다투어 책을 가져왔다.

"엄마, 이거 읽어 줘."

"나는 이거 읽어 줘."

서로 먼저 읽어달라는 것을 눈치껏 번갈아 가며 읽었다. 한 권, 두 권, 세 권, 네 권…… 같은 책을 몇 번이나 반복하기도 하고, 다른 책을 계속 가져왔다. 어느새 시간은 10시를 넘어섰다. 아이들의 눈은 여전히 초롱초롱했다. 아이들의 잠이 늦어질수록 남편과 약속한 시각이 점점 줄어든다는 생각에 마음이 조바심을 내기 시작했다.

"얘들아, 이제 그만 읽고 자자. 불 끄고 눕자."

불을 껐더니 효린이가 무섭다며 아우성을 쳤다. 작은 보조 등을 켰다.

"자, 이제 자자."

"엄마, 나 물."

"엄마, 나도 물 먹을래."

두 아이는 물 타령을 하며 칭얼거렸다. 못 들은 척했다. 칭얼거림은 점점 짜증이 묻어났다. 후, 한숨을 고르고 몸을 일으켰다. 부엌에 나가 컵에 물을 따랐다. 내 인내심도 컵에 따라지는 것 같았다.

"자, 여기 물. 이불에 쏟으니까 바닥에 내려와서 마셔."

내 말이 끝나기 무섭게 효린이가 말했다.

"엄마, 쏟았어."

이불 위에서 먹던 효린이가 바지와 이불에 물을 쏟았다. 꾹꾹 억누르고 있던 내 인내심이 꽁꽁 잠긴 문을 부수고 밖으로 뛰쳐나왔다.

"그러게! 엄마가! 여기 나와서! 먹으라고 했어! 안 했어!"

효린이는 어느새 눈물이 글썽글썽했다. 창현이는 나와 효린이를 번갈아 보며 냉랭한 분위기와 물을 한꺼번에 삼켰다. 이불을 갈고, 젖은 바지를 갈아입혔다. 효린이는 흐느낌이 남은 채로 베개 위에 누웠다. 창현이는 굳은 표정으로 베개에 누워 얼른 눈을 감았다. 잠시 후, 두 아이는 잠이 들었다. 어느새 시간은 10시 반을 지나고 있었다. 잠든 아이들을 가만히 내려다보았다. 신나게 숨바꼭질을 하고, 즐거운 마음으로 방에 들어왔는데 끝이 어긋나버려 속상했다. 기분 좋게 재웠으면 좋았을 텐데. 어디서 잘못된 걸까. 조금 전 상황을 떠올렸다. 아이들 때문이 아니라 모든 것은 내 마음에서 시작했다. 어서 아이들을 재우고 나만의 시간을 갖겠다는 욕심에 조바심을 냈다. 아이들은 아직 잠이 오지 않는데 나는 어서 재우려 했다. 잠이 오지 않는 아이들을 눈빛으로 재촉했다. 마음대로 되지 않자 점점 인내심의 한계를 느꼈다. 효린이가 물을 쏟는 순간을 구실삼아 짜증을 폭발시켰다. 아이들이 속상한 마음을 안고 잠이 들었을 생각을 하니 남편과의 시간이고 뭐고 아무것도 하고 싶지 않았다. 순리대로 아이들이 일찍 잠자리에 들어 시간이 생기면 여유로운 시간을 즐기고, 그렇지 못하면 아이들과 함께 잠들면 될 일을 내 욕심을 차리자고 아이들을 쪼아댄 것이 미안하고 부끄러웠다.

'이제 잠들지 않는다고 재촉하지 말자. 잠이 쏟아지면 자지 말라고 말려도 잘 텐데 왜 억지로 재우려 했을까. 아이들이 스스로 잠자리에 들 때까지 그냥 내버려 두자. 내 욕심을 내려놓자. 조바심을 내지 말자.'

잠든 아이들을 바라보며 다짐하고 또 다짐했다.

그날 이후, 아이들을 억지로 재우는 일은 하지 않았다. 모든 것은 순리에 맡기자고 마음먹었기에. 책을 읽고 싶다고 하면 읽어주고, 그만 읽고 싶다고 하면 그만 읽었다. 아이들이 뒤척거릴 때도 어서 자길 바라며 토닥이는 것도 하지 않았다. 뒤척거리는 아이들의 곁에서 조용히 책을 읽었다. 책을 읽다가 조용해서 바라보니 효린이가 먼저 잠이 들었고, 창현이가 뒤척거렸다. 보통 창현이가 먼저 잠이 드는데 오늘은 잠이 잘 들지 않는 모양이었다. 힐끔 창현이를 바라보았다가 다시 책을 읽기 시작했다.

"엄마, 안 자?"

"응, 책 조금만 더 보고 자려고."

나와 책을 번갈아 가며 뚫어져라 쳐다보던 창현이가 벌떡 일어났다. 잠시 후 내 곁에 다가와 말했다.

"엄마, 나도 이거 읽어줘."

자기도 책을 읽겠다고 가져왔다. 예전 같았으면 아까 많이 읽었으니 그만 읽고 자자며 눈을 감으라고 얘기했겠지만, 창현이가 가져온 책을 외면하지 않았다. 읽고 또 읽고……. 창현이는 계속해서 책을 가져왔다. 내 곁에 읽어준 책이 8~9권쯤 쌓였다. 개의치 않고 읽고 있는데 중얼중얼하던 녀석의 목소리가 들리지 않았다. 책을 읽어주다가 창현이를 바라보니 어느새 미소를 머금은 채로 자고 있었다. 자기도 모르게 스르륵 잠이 든 모양이다. 아이들의 베개를 바로 잡아주고, 이불을 덮어 주었다. 조바심을 내며 연신 스마트폰 시계를 확인하며 어서 아이들이 잠들길 바랐던 때에는 느낄 수 없었던 평온한 행복을 느꼈다. 나도 책을 덮고 베개에 누웠다. 잠이 든 창현이가 웅얼웅얼했다. 잠꼬대했다.

"오늘 참 재미있었어……"

대체 무슨 꿈을 꾸면서 잠꼬대를 하는 건지 모르겠지만 왠지 잠들기 전 실컷 책을 읽은 것이 재미있었다고 하는 것처럼 들렸다. 아이의 웅얼거림은 행복하다고 말하고 있는 것 같았다.

"창현아, 엄마도 행복해. 잘 자. 사랑하는 우리 아들, 행복한 꿈 꿔!"

엄마, 내가 싫어요?

"엄마, 책 읽어 줘."

잠들기 전 창현이가 책 한 권을 가져왔다.

"그래. 창현이가 어떤 책을 가져왔을까? 엄마가 읽어줄게."

"엄마가 유치원에 왔어요. 나는 너무 반가운 마음에……."

그날 읽은 그림책은 내게 적잖은 충격을 줬다. 그림책에 등장하는 엄마 캐릭터와 내가 아주 비슷했기 때문에. 엄마를 사랑하는 주인공은 엄마에 대한 사랑의 표현이 계속 어긋난다. 엄마는 주인공의 진심을 알아주지 못하고 주인공을 탓하기만 한다. 주인공은 결국 엄마가 나를 사랑하지 않는다고 울어버린다. "엄마, 너무해."

반쯤 읽었을까. 창현이가 새근새근 자고 있었다. 다행이다. 이 책을 읽는 내내 마음이 편치 않았다. 아이 눈에 비친 엄마의 모습이 숨김없이 드러나 있는 장면들이 솔직히 마음이 불편했다. 토들이 엄마와 내가 다르지 않았기 때문에.

한 번은 키즈카페에서 있었던 일이다. 창현이는 호기심이 많아서 하고 싶은 것이 있으면 앞뒤 상황을 재지 않고 달려든다. 친구가 갖고 있건 관계없이. 아이의 성향 탓에 웬만하면 북적거리는 시간은 피하고 한가할 때 가끔 들르는 편이다. 그날은 아이가 무척 가고 싶어 하는 통에 키즈카페에 들렀다. 주말인지라 키즈카페는 무척 북적였다. 창현이는 신이 나서 이리저리 뛰어다녔다. 또래와 다툼이 있을까 싶어 창현이를 쫓아다녔다. 다른 엄마들은 아이들을 풀어놓고 앉아서 수다를 떠느라 바빴다. 한참 놀던 아이가 어딘가로 뛰어갔다. 창현이의 눈에 뭔가가 꽂힌 모양이었다. 굴착기 모양의 붕붕카가 눈에 띄었다. 이미 다른 아이가 타고 있었는데 창현이는 개의치 않고 뺏으려고 했다.

"안 돼, 내가 먼저 탔어. 내 거야!"

굴착기에 타고 있던 아이는 뺏기지 않으려고 안간힘을 썼다. 창현이는 굴착기 삽을 쥐고 비틀며 뺏으려고 안간힘을 썼다. 달려가서 창현이를 붙잡았다. 어서 진정시켜야겠다는 마음으로 창현이에게 말했다.

"창현아, 친구가 먼저 타고 있었잖니. 친구가 다 타고 비켜줄 때까지 기다려야지. 이렇게 뺏으면 못 써."

창현이는 개의치 않고 굴착기를 타겠다고 성화를 부렸다. 크게 울리는 노랫소리와 엄마들의 수다 소리를 넘어서기 위해 내 목소리는 점점 더 힘이 실렸다. 창현이는 속상한 듯 다른 장난감을 가지러 가 버렸다. 즐거워지자고 온 키즈카페에서 이런 일이 생기니 나도 속상했다. 잠시 숨을 고를 겸 의자에 앉아 물을 들이켰다. 궁둥이를 붙인 지 5분도 채 되지 않았는데 어디선가 창현이의 목소리가 들렸다.

"으앙."

커다란 집 모양 장난감에서 실랑이가 벌어졌다. 집 안에는 누나들이 옹기종기 모여 있었다. 창현이는 들어가겠다고 난리고 안에서는 자리가 없다며 들어오지 못하게 막느라 실랑이가 벌어졌다.

"창현아, 누나들이 지금 안에서 놀고 있어서 들어갈 수가 없대. 누나들 나오면 들어가서 놀자."

창현이를 달래고 얼렀지만 달래지지 않았다. 창현이의 울음소리는 소음을 넘어섰다. 오직 창문을 열고 들어가겠다며 안간힘을 썼다. 내버려 뒀다간 더 큰 소란이 생길 것 같아서 창현이를 끌고 밖으로 나왔다.

"창현아, 집에 들어가서 놀고 싶어?"

"응. 놀고 싶어. 앙앙."

"어쩌지. 누나들이 먼저 놀고 있어서 들어갈 수가 없는데. 조금만 기다렸다가 누나들 나오면 들어가자."

"싫어. 할 거야. 할 거야."

창현이는 울고불고 떼를 썼다. 도무지 달래질 기미가 보이지 않았다.

"창현아, 이렇게 떼를 쓰면 여기서 더 놀 수 없어. 여기는 창현이만 노는 곳이 아니라 다 같이 노는 곳인데 이렇게 떼를 쓰면 곤란해. 장난감도 창현이 혼자 가지고 노는 곳이 아니라 다 함께 가지고 노는 곳이야."

창현이는 도무지 말을 듣지 않았다. 들어가서 서둘러 결제를 하고 나왔다. 창현이도 나도 스트레스받으며 있을 수가 없겠다고 판단했다.

"창현아, 집에 가자. 신발 신고."

"싫어. 안 갈 거야 놀 거야. 싫어!"

창현이는 오지 않겠다고 했다. 엘리베이터에 먼저 탔다. 울면서 떼를 쓰는 듯하더니 뒤따라 들어왔다.

"엄마, 다시 가자. 놀 거야. 집에 안 갈래."

"엄마가 그랬잖아. 이렇게 떼를 쓰면 더 이상 놀 수 없다고. 오늘은 집에 가는 게 좋겠다. 이제 신발 신자."

"싫어, 신발 안 신어. 다시 갈래. 집에 안 가. 엉엉."

창현이는 계속해서 고집을 피웠다. 맨발로 엘리베이터 안을 쿵쾅거리며 울어댔다. 1층에 도착했지만, 창현이는 내리지 않으려 했다. 눈치를 보며 한 발짝 한 발짝씩 따라왔다.

"엄마. 신발 신을래. 신발."

몇 걸음을 걷다가 신발을 신겠다고 악을 썼다. 신발을 신겨주고 손을 잡았다. 아이는 내 손을 잡고 다시 키즈카페로 이끌려고 안간힘을 썼다. 손을 놓고 앞서 걸었다.

"엄마, 엄마. 같이 가. 엉엉. 집에 가기 싫어."

창현이는 키즈카페와 나를 번갈아 보며 울었다. 창현이의 손을 잡고 집으로 향했다. 창현이는 계속해서 울었고, 나는 아무 말도 하지 않았다.

집 근처 놀이터쯤 왔을 때 창현이의 눈물도 잦아졌다. 벤치에 데리고 가서 마음을 가라앉히고 창현이와 이야기했다.

"창현아, 누나들이 비켜주지 않아서 속상했어? 누나들이 창현이 들어오지 못하게 해서 속상했어?"

창현이는 다시 참았던 눈물을 터뜨리며 말했다.

"으앙, 누나 나빠. 누나들이 안 된대. 나도 들어가서 놀고 싶은데."

"그랬구나. 창현이 많이 속상했겠다. 엄마도 누나들이 안 비켜줘서 무척 속상해."

"누나들이 안 비켜줬어. 누나들이. 누나들이 안 비켜줬어. 으앙."

동화책 주인공이 묻는다. "엄마, 나 싫어?"

창현이가 묻는다. "엄마, 나 싫어?"

창현이의 마음도 토들이의 마음과 다르지 않았다. 키즈카페에서 창현이의 마음을 먼저 알아줬어야 했는데……. 어쩌면 누나들보다 자신의 마음을 알아주지 않는 엄마한테 더 속상함을 느꼈으리라. 벤치에 앉아서 이야기를 나누는 동안 창현이는 속상한 마음으로 가슴을 두드렸다. 누나들이 비켜주지 않아서 억울한 마음을 토로했다. 단지 함께 놀고 싶었을 뿐인데.

"엄마, 누나들이 안 비켜줬어. 누나들이…. 누나 나빠."

눈물이 진정되고도 창현이는 억울했던 마음을 반복해서 이야기했다.

"그래, 누나들이 나쁘다. 창현이랑 같이 놀았으면 좋았을 텐데. 미안해. 엄마가 창현이 마음도 몰라주고 많이 속상했지?"

"응. 속상해."

함께 가지고 놀아야 하는 곳이란 사실도, 서로 양보해야 한다는 것도. 지금 이 순간 아이의 마음이 우선이라는 것을 알기에 아무 말도 하지 않았다.

"엄마가 창현이 속상한 마음을 알아주지 못해서 정말 미안해."

엄마는 너무하다거나 엄마가 밉다고 소리칠 줄 알았는데 아이는 눈물을 닦더니 싱긋 웃으며 말했다.

"괜찮아. 뭘. 이것 가지고."

아! 마음 하나 알아주면 되었던 건데. 모든 것은 그다음인데! 아이는 언제 그랬냐는 듯 활짝 웃었다. 아이의 마음에도 내 마음에도 속상함으로 얼룩졌던 마음이 사르르 녹아내렸다.

"창현아, 엄마가 정말 정말 사랑해."

"나도 사랑해. 엄마 사랑해."

엄마, 도미노 하자!

"엄마, 우리 블록 세우기 하면 어때?"

심심하게 뒹굴뒹굴하던 창현이가 벌떡 일어나며 말했다. 눈빛은 콜럼버스가 신대륙을 발견한 것처럼 아주 흥미진진하고 놀라운 발견을 했다는 표정으로.

"어떻게 하면 되는데?"

시치미를 떼며 궁금한 표정으로 말했다. 신대륙을 발견한 콜럼버스가 엘리자베스 여왕에게 자랑스럽게 신대륙에 대한 브리핑을 늘어놓듯이 신나게 떠들기 시작했다.

"차근차근 이렇게 세울 거야. 엄마는 저기서 세워줘. 나는 여기서부터 세울게. 아! 무너뜨리는 것은 내가 할 거야."

"어디, 여기서? 엄마는 여기서 하면 돼?"

"응. 거기서 하면 돼."

파란색, 하얀색, 초록색, 빨간색, 색색의 샵버튼 모양의 블록들을 하나 둘씩 세우기 시작했다. 우리 둘은 까만 종이에 햇빛을 모아 태우는 돋보기처럼 온 마음을 모아 심혈을 기울여 세웠다. 어느새 제법 긴 도미노가 완성됐다.

"창현아, 완성했다. 이제 무너뜨려 볼까?"

"응. 엄마. 내가 할게. 자동차로 쓰러뜨릴 거야. 자. 간다."

창현이가 미끄럼을 태운 자동차가 경사를 미끄러지며 부드럽게 도미노를 밀었다. 자극을 받은 도미노들이 기분 좋은 소음을 내며 좌르르 무너졌다. 우리 둘은 그 순간 새벽 공기를 마시듯 상쾌한 공기를 빨아들였다. 뭔가 큰 성취를 한 것 같고, 뿌듯한 마음에 서로 마주 보며 깔깔대며 웃었다. 엄지손가락을 치켜세우던 아이가 두 번째 손가락으로 위치를 바꿨다.

"엄마, 한 번 더!"

얼굴 옆에 갖다 댄 오동통한 검지가 앙증맞고 귀여웠다.

"좋아! 한 번 더 해 보자."

넘어진 블록들을 한쪽으로 치우고 다시 자리를 마련했다. 형형색색의 블록들을 다시 세웠다.

'이번에는 곡선도 만들어봐야겠다. 이쪽으로 이렇게 빙 돌아서…….'

도미노에 흠뻑 빠진 우리는 말 한마디를 하지 않은 채 숨죽였다. 행여 콧바람이 블록을 넘어뜨릴까 싶어 숨을 멈췄다. 단 한 번의 성공으로 시원한 도미노 소리를 들었던 기분 좋은 순간을 다시 재현하겠노라 생각하며. 그런데 블록의 마감처리가 온전치 않은 부분이 있어서 하나가 넘어졌다. 내가 세운 블록과 아이가 세운 블록이 한꺼번에 우르르 넘어졌다. 분명 블록이 넘어지는 소리는 같은데 아까처럼 기분 좋게 좌르르 넘어가는 소리가 아니라 우르르 넘어지는 소리였다. 나도 모르게 아이의 눈치를 봤다. 고개를 들어 멀리까지 쓰러진 블록을 쳐다보더니 창현이가 한마디를 했다.

"괜찮아. 다시 하면 되지."

쿵 하고 내려앉은 마음이 다행이라며 제자리를 찾아왔다.

"고마워. 엄마가 실수했네. 다시 잘 세울게. 미안해. 넘어뜨려서."

"괜찮아."

아이는 별 것 아니라는 듯 씩 웃으며 다시 세웠다.

'이번에는 기필코 완성해야지. 실수하면 안 돼.'

다시 우리 둘은 말을 지우고 블록을 세워나갔다. 무너진 자리에 다시 하나씩 세워지는 블록이 늘어가고 끝이 보일 무렵, 블록들이 다시 무너졌다. 이번에는 창현이의 옷깃이 세워놓은 블록을 스치는 바람에 모조리 무너졌다. 창현이가 나를 쓱 한 번 바라보았다.

"괜찮아. 원래 넘어지는 거야. 다시 하자."

그때까지도 우리 둘은 별 것 아니라고 생각했다. 도미노야 원래 넘어지고 세우고 넘어지고 세우는 거니까. 이번에는 기필코 완성하겠다는 마음으로. 어느새 내 마음은 조급증을 냈다. 하나라도 더 세우려고 했고, 아이의 영역까지 넘어서서 단숨에 세웠다. 창현이는 두 번째로 도미노를 넘어뜨렸다. 도미노가 좌르르 넘어가는데 뭔가 기분이 석연치 않았다. 처음에 넘어뜨릴 때처럼 쾌감도 없고, 상쾌한 공기도 불지 않았다. 우리는 약속이라도 한 듯 넘어진 블록의 양끝에서 조용히 다시 블록을 세웠다. 한 번 더 하자는 말도, 성공했다며 치는 박수뼉도 없이. 뭔가 감을 베어 물었는데 단 것 같기도 하고, 떫은 것 같기도 하고 애매한 맛. 뱉으려 하니 단맛이 나고 삼키려 하니 떫은맛이 나는 감을 물고 어쩔 줄 몰라 하는 기분과 같았다. 말없이 세우는 도중에 내가 두 세 차례 블록을 무너뜨렸다. 창현이가 두 세 차례 블록을 무너뜨렸다. 우리 둘 다 실수를 연발했다. 괜찮다는 말도 토닥이는 말도 없이 그저 다시 세우기 바빴다.

블록을 하나하나 세우면서 내 머릿속에서 여러 가지 생각이 스쳐 지나갔다.

'왜 처음에 함께 완성해서 시원하게 도미노가 넘어질 때의 기분이 점점 사라지는 걸까? 도미노가 뭐라고 점점 조급증을 내는 것일까? 아이가 세울 공간까지 뺏어가며 완성하려 드는 것일까? 완성해서 넘어지든 실수로 넘어지든 도미노가 넘어지는 것은 같은데 내 기분은 왜 이렇게 하늘과 땅 차이일까. 도대체 내가 아이와 함께 도미노를 세우는 이유가 뭘까?

처음에는 함께 즐거운 시간을 보내기 위해 시작했던 도미노였다. 도미노 대회를 나갈 것도 아니고 누구에게 보여주기 위함도 아니었다. 그저 우리 둘만의 즐거운 시간을 위해서였다. 의미는 퇴색되고 욕심은 본질을 가렸다. 오로지 멋지게 완성해서 시원하게 넘어뜨리겠다는 욕심으로 가득 찼다. 허리가 저렸다. 도미노를 세우고 있는 시간이 지루하게 느껴졌다. 생각이 꼬리에 꼬리를 물고 이어질 무렵 창현이의 실수로 도미노는 다시 한번 먼 길을 달렸다.

"창현아, 이제 그만하자. 엄마 허리 아프다."

감을 한참 먹다 보니 약하게 느껴지던 떫은맛이 점점 진해져서 그만 먹고 싶은 기분. 바닥에 드러누우며 창현이에게 그만하자고 했다. 잠시 누웠다가 바닥에 널브러진 블록들을 주워 담을 생각이었다. 그때, 창현이가 내게 말했다.

"엄마, 다시 하자. 다시 하면 되지. 할 수 있어."

어떤 생각도 할 겨를이 없었다. 나는 단숨에 몸을 일으켰다. 창현이의 말은 내 마음을 울렸다. 세상에 어떤 종도 창현이만큼 울림을 주지는 못했으리라. 나는 부끄러워서 고개도 들지 못한 채 고개를 끄덕였다. 창현이를 똑바로 바라볼 수가 없었다. 블록이 마음대로 세워지지도 않고, 더 이상 재미있지도 않다고 생각한 내가 한심하고 부끄러웠다. 알몸으로 바깥에 세워져도 이만큼 부끄러울 수 있을까 싶을 만큼. 넘어져 있던 블록들을 한쪽으로 모았다. 용기를 내어 창현이를 바라보며 말했다.

"맞아. 다시 하면 되지. 할 수 있어. 파이팅!"

"응. 파이팅!"

"우리 이번에는 '9'자 모양을 만들어 볼까?"

"음. 7하고 싶어. 엄마."

"좋아. 7 해보자."

바깥에서 꽁꽁 얼어있던 손이 따뜻한 난로 앞에서 온기를 품고 유연해지듯 내 손은 한결 부드러워졌다. 블록을 세우는 손에 욕심이 달아나고 숨이 생겼다. 하나하나 세우는 블록과 블록 사이사이에는 편안하고 긴 호흡이 머물다 지나갔다. 여유롭게 블록을 세워가며 창현이를 바라보았다. 얼마나 집중을 했던지 눈에서 붉은 섬광이 쏟아져 나오는 듯했다. 집중한 탓에 입은 연신 앞으로 내밀고 블록의 흔들림을 따라 오물거렸다. 아이의 진지한 모습이 사랑스러웠다. 요물 같은 욕심을 드러낸 나의 역겨움을 모조리 씻겨주는 아이의 하얀 순결. 멋지게 완성될 도미노가 아니라 도미노에 집중하는 아이의 모습 자체가 기특했다. 도미노를 세우는 과정에서 너그럽게 이해하는 따뜻한 아이의 마음. 창현이는 도미노 놀이를 하는 동안 단 한 번도 내가 실수할 때 짜증을 내지 않았다. 오히려 잘 안 되니까 그만하자고 했던 어린 어미의 작은 마음을 고사리손으로 위로했다. 창현이의 믿음과 용기로 블록을 세워 7자 모양의 도미노를 완성했다. 창현이는 환하게 웃으며 첫 블록을 넘어뜨렸다. 파도가 모래를 쓸고 바다로 나갈 때 들리는 청량한 소리처럼 시원하고 맑은 모래알 소리가 들렸다.

"엄마, 봐봐. 7이다. 7."

"와아! 창현아 너무너무 멋지다. 창현이랑 엄마가 함께 세워서 무척 기분이 좋은걸."

"엄마, 나도 멋져. 너무너무 재밌다. 엄마 또 하자. 또. 또."

그렇게 우리는 시간 가는 줄 모르고 블록을 세우고 넘어뜨렸다. 실수도 많이 하고 완성도 많이 했다. 실수해서 넘어가는 블록마저도 즐거웠다. 서로를 다독이며 다시 블록을 세웠다. 입을 오물거려가면서. 반나절을 도미노에 빠져 있다가 겨우 마무리를 했다. 즐거움은 추억을 남겼고, 창현이의 한마디 한마디는 내게 배움의 씨앗을 주었다.

"엄마, 오늘 참 재미있었어. 다음에 또 하자."

"그래. 엄마도 정말 재미있었어. 창현이랑 함께 하는 시간이. 고마워. 너무너무 사랑해."

"응. 나도 사랑해 엄마."

엄마, 먹고 싶어요

저녁 준비를 하느라 바빴다. 채소를 다듬고, 굽고 있는 생선을 뒤집으며 정신없이 식사를 준비했다. 대뜸 창현이가 나를 불렀다.

"엄마, 치즈 먹어도 돼요?"

저녁 준비에 여념이 없던 나는 창현이의 말을 듣지 못했다. 무언가 바스락거리는 소리에 놀라 뒤돌아보니 냉장고를 뒤적이는 창현이가 눈에 들어왔다. 깜짝 놀라 냉장고로 달려갔다.

"쾅!"

"창현아, 냉장고 문을 열면 어떻게 해."

"치즈가 먹고 싶어서……."

치즈가 먹고 싶은 창현이의 마음을 백번 이해하지만 먹일 수가 없었다. 계산하고 계량해서 준비된 식단 외에는 줄 수가 없었기에.

"창현아, 안 돼. 창현이 또 아파서 병원에 가려고 그래?"

"왜요!"

"창현이 많이 먹어서 아프면 또 주사 맞으러 병원에 가야 해. 또 주사 맞으러 가고 싶어?"

"왜요, 왜요!"

눈물이 그렁한 눈으로 창현이는 소리쳤다. 왜 안 되느냐고!

아이와 대화하는 법을 찾아 책을 씹어먹곤 했다. 아이의 마음에 공감하고 소통해주는 엄마가 되려고 그렇게 노력했건만 모두 도로 아미타불이다.

'내가 무슨 말을 하는 거지? 그렇게 다짐했건만. 나는 또 안 된다는 말로 단칼에 잘라버리고 있구나. 아이와 대화하려는 노력은 잊은 채 그저 안 된다고만 거절하고 있구나. 아아, 이러고도 내가 엄마란 존재인가!

창현이의 눈에 예리하게 날이 선 내 모습이 보였다. 이해할 수 없다는 표정으로 서 있는 창현이를 바라보았다. 가슴에 얼마나 상처를 입었는지 얼굴에는 분노로 가득 차 있다. 창현이는 홱 뒤돌아서 방으로 들어가 버렸다. 쾅 소리가 나며 닫히는 문은 창현이의 마음과 같았다. 엄마로부터 영영 마음의 문을 닫아버리려는 듯 쾅 소리가 나도록 문을 닫았다.

'5살 아이가 먹고 싶은 것을 참는다는 것이 얼마나 힘든 것인지 아니? 배고픈 것을 참아내야 한다는 것이 얼마나 고역인지 경험해 본 적 있니? 경험도 조차 해본 적 없는 네가 아이에게 얼마나 상처를 준 거야.'

마음을 두드리며 아이에게 준 상처를 후회했다. 잠시 후, 방에서 창현이의 울음소리가 들려왔다. 똑똑.

방문을 열려는 순간 창현이의 목소리가 들렸다.

"흑흑, 엄마 내가 잘못했어요. 이제 떼쓰지 않을게요. 흑흑."

네가 뭘 잘못했다는 것인지. 네 마음을 알아주지 못한 엄마가 잘못했는데. 문을 열고 들어가 창현이를 안았다. 눈물로 범벅이 된 창현이가 내 어깨에 얼굴을 묻고 흐느꼈다.

"창현아, 엄마가 정말 미안해. 잘못했어. 우리 창현이는 배가 너무 고파서 그랬는데 엄마가 네 마음부터 알아주지 못했지. 정말 정말 미안해."

"흑흑흑. 네."

어깨를 들썩이던 창현이의 흐느낌이 잦아들었다. 보드라운 작은 손이 눈물을 훔쳤다. 씩 웃음을 지어 보였다.

"엄마, 우리 블록할까?"

미안하다는 말 한마디에 창현이는 배고픔도 서러움도 단번에 닦아냈다. 무슨 일이 있었냐는 듯이 블록이 담긴 서랍을 통째로 빼 들고 와서 웃어 보였다. 어린 나이에 견뎌야 하는 배고픔이 큰 고통인데 상처를 주고서야 마음을 알아주다니. 원망스러울 텐데 금세 엄마를 향해 웃어주는 아이를 보며 숨고 싶었다. 창현이가 블록을 하나 쌓아 올릴 때마다 마음이 요동쳤다. 한 조각은 엄마로서 남발하는 권위 같았다. 창현이가 또 다른 블록을 올렸다. 새로 올려진 조각은 피곤함에 찌든 내 삶과 같았다. 마지막으로 창현이가 세모난 블록을 집어 들어 성을 완성했다. 세모난 블록은 뾰족하게 모난 모양이 피곤하고 지쳐 날이 선 나 자신과 같았다.

얼마 전, 창현이와 목욕탕에 갔다. 창현이 또래의 여자아이와 엄마가 목욕하고 있었다. 엄마는 초록색 바탕에 하얀 줄이 세 개 그어진 때 수건을 한 손에 낀 채 고래고래 소리를 질러댔다. 아이는 눈물범벅이 됐다. 작은 등은 박박 밀어댄 자국으로 벌겋게 변했다. 엄마는 비비탄 총처럼 하얀 총알을 입에서 쏘아댔다.

"때가 이렇게 많이 나오는데 깨끗하게 씻어야지. 도대체 뭐가 아프다고 그래. 엄마가 세게 하지도 않았잖아! 그럼 때도 안 벗기고 집에 갈 거야? 가만히 좀 앉아!"

아이는 연신 따가워 소리치며 발버둥을 쳤다.

"아야, 아파. 엄마 그만해. 따가워. 싫어!"

엄마의 한 손은 있는 힘껏 아이의 팔을 끌어당겼다. 한 손은 벅벅 때를 밀었다. 그 순간 "짝"하는 소리와 함께 아이의 작은 등에 벌건 손자국이 났다. 목욕탕은 엄마의 고함과 때 미는 소리로 아우성치다 1초의 정적이 흘렀다. 귀로 상황을 짐작하던 많은 이들이 아이의 벌건 등에 시선을 빼앗겼다. 때를 벗기던 엄마를 보며 생각했다.

'아이가 얼마나 아프면 저렇게 할까. 때가 좀 남으면 어때, 살살하지. 아이가 너무 아프겠다. 달래가면서 해주면 좋을 텐데.'

내 등이 화끈거렸다. 목욕탕에서 만난 찰싹 엄마와 내가 별반 다를 것이 없었다. 찰싹 엄마와 내가 다른 것은 딱 한 가지! 제3자가 있나 없나 차이일 뿐. 아이의 마음을 알아주지 못한 찰싹 엄마나 나나 다를 게 뭔지……. 아픈데도 아랑곳하지 않고 작은 등에 붉은 상처를 남기는 찰싹 엄마. 배고파서 냉장고 문을 여는 아이에게 쾅 하고 냉장고 문을 닫아버린 엄마. 아이를 사랑해서 깨끗하게 씻겨주고픈 마음이었겠지. 식이요법이 실패할까 노심초사하며 아이가 음식을 원해도 냉장고 앞을 막아설 수밖에 없었다. 엄마의 본심이 아이를 위하는 마음이었다손 치더라도 아이들은 엄마가 사랑해서 한 행동이라고 이해했을까? 아프다고 소리쳐도 아랑곳하지 않는 엄마에게 어떤 생각을 했을까? 배가 고파서 냉장고 문을 열었을 뿐인데 쾅 닫으며 아이의 배고픔을 무시한 엄마에게 어떤 생각이 들었을까? 식탁에 앉아 내가 아이들이었다면 어떤 마음이었을까 곰곰이 생각했다.

'엄마, 내가 이렇게 따가워 하는데 때 미는 게 나보다 더 중요해요? 엄마는 나를 사랑하지 않는 게 분명해!'

'엄마, 내가 이렇게 배고픈데 엄마는 배고픈 걸 참을 수 있어요? 엄마는 내 마음을 몰라!'

아이들은 내가 생각한 것보다 더 복잡하고 어두운 감정을 겪었을지 모른다. 감정에 상처를 입은 아이의 모습을 상상하니 끔찍했다. 무의식 속 서랍장을 한 칸 열어 감정을 개어 차곡차곡 집어넣는 창현이가 보인다. 아이의 무의식에 들어갈 수만 있다면 들어가서 도로 다 가져오고 싶다. 들어갈 수가 없다. 들어갈 수는 없지만 넣어줄 수는 있다. 사소한 엄마의 행동 하나하나가 아이의 무의식에 차곡차곡 넣어준다. 뽀송뽀송하고 보드라운 솜이불일 수도 있지만 억세고 뾰족뾰족 가시가 찌르는 썩은 지푸라기가 훨씬 많다. 좋았던 기억은 주로 무의식의 입구 전의식에 쌓아 놓는다. 언제든지 꺼내볼 수 있게. 썩은 지푸라기는 다시 꺼내보고 싶지 않아 무의식에 담는다. 마치 처음부터 없었던 것처럼 서랍 속에 넣어두고 자물쇠를 채운다. 다시 아무렇지 않은 척 일상을 산다. 문제는 이렇게 채워둔 자물쇠가 인생을 살아가면서 맞이하는 갖은 고난에 튀어나오고 싶어 한다는 사실이다. 나이가 들수록 자물쇠는 녹이 슨다. 녹슨 자물쇠는 인생의 고난이 닥칠 때마다 작은 충격에도 쉽게 열린다. 서랍 속에 개어 넣은 썩은 지푸라기는 아이가 성장해 고통스러울 때마다 힘을 얻는다. 힘이 세진 녀석은 언제라도 자물쇠를 부수고 튀어나올 기세로 위태롭다. 자물쇠는 약해져 버렸고, 서랍 안에 지푸라기는 언제라도 뚫고 나올 기세로 강해진다. 썩은 지푸라기가 서랍을 열고 아이의 몸 밖으로 나온다면…… 생각하고 싶지 않다. 지금 내가 아이에게 미치는 영향이 얼마나 무서운 것인지.

"창현아, 엄마가 정말 미안해. 네 마음을 더 열심히 읽도록 노력할게."

잠자는 아이의 귓가에 가만히 속삭였다. 엄마의 울림이 전해졌을까? 창현이가 가만히 미소를 지었다. 아이는 언제나 실수투성이인 엄마를 용서하고 사랑한다. 나는 또 아이에게 이렇게 배운다.

"미안해. 고마워. 사랑해. 축복해."

"사랑해요. 엄마."

엄마, 나도 유치원에 가고 싶어요

창현이가 밤새 경련을 해댔다. 새벽 2시, 3시, 3시 30분, 4시, 5시, 6시. 이틀째 폭발적으로 경련을 했다.

"으윽." 소리를 시작으로 온몸이 뻣뻣해졌다. 아이를 부둥켜안고 속삭였다.

"창현아, 엄마 여기 있어. 괜찮아. 금방 괜찮아질 거야. 괜찮아. 괜찮아."

속으로 전혀 괜찮지 않았지만, 창현이가 두려울까 봐 달래고 달랬다. 창현이는 20~30초가 지나고 크게 숨을 내뱉었다. 다시 잠에 빠졌다. 베개 위로 내 몸도 던졌다. 창현이의 꿈틀거리는 소리에 벌떡 일어났다가 다시 잠드는 게 이골이 날 법도 한데 한동안 몸을 뒤척였다. 어렵사리 잠이 들었지만, 악몽에 시달렸다. 차갑게 닫힌 중환자실 앞에서 서성대고 있었다. 좁은 틈 사이로 멀리 창현이가 보였다. 축 늘어져 기운이 빠진 팔에는 차가운 바늘이 꽂혀 있다. 창현이의 몸은 모든 균형이 깨졌다. 의식이 없다.

'다 나 때문이야. 내가 창현이를 이렇게 만든 거야.'

창현이의 목소리를 듣고 싶지만 불안한 기계음이 들려올 때마다 심장이 철렁철렁 내려앉았다.

"으으윽."

벌떡 잠에서 깼다. 등은 축축하게 젖었다. 꿈을 꾸면서 울었는지 눈이 부어 떠지지 않았다. 떠지지 않는 눈으로 비틀대며 창현이의 목을 부축했다.

"괜찮아, 괜찮아. 괜찮아. 창현아. 엄마가 지켜줄게."

남편과 나는 창현이를 번갈아 안으며 괜찮다고 속삭였다. 사랑한다며 볼을 비볐다. 어린아이에게 너무 큰 고통을 안긴 것만 같아 가슴이 짓물러졌다. 창현이는 그날 새벽 자신의 모든 에너지를 쏟아 놓고서야 깨어났다. 한참을 뒤척이다 늦잠을 자 버렸다. 의식은 깼지만, 눈이 떠지지 않는다는 표현이 더 맞으리라. 이불 속에서 몸만 꿈틀대고 있는데 아이들이 깨웠다.

"엄마, 일어나. 아침이 밝았어. 어서 일어나요."

"엄마, 밥 준비해야지. 어서 일어나."

밥 준비라는 소리에 몸을 벌떡 일으켰다. 식이요법을 시작한 창현이는 최근에 입버릇처럼 하는 말이 "엄마 밥 준비하는 거야? 나 배고파."였다.

"응, 알았어. 엄마 얼른 밥을 준비해서 줄게."

창현이 치료식, 남편과 효린이 식사를 따로 준비해야 한다. 부엌에서 굿을 한다고 해도 믿을 정도로 정신이 없다. 창현이를 먼저 만들어 주고, 효린이와 남편 식사를 제각각 따로 준비했다. 창현이는 다 먹은 그릇을 가지고 의자에서 내려오다가 넘어졌다. 발과 다리는 땅에 지지하는데 힘겨워 보인다. 밤새 찾아온 밤손님 때문에 제대로 서 있기조차 힘겨웠다.

"창현아, 오늘은 몸이 조금 불편해서 유치원을 쉬어야 할 것 같아."

"아니, 유치원 가고 싶어. 가고 싶어."

창현이는 떼를 썼지만 비틀거리는 걸음이 걱정됐다. 등원하기 어려운 상태로 보낼 수 없었다.

"오늘 하루는 엄마랑 놀고 내일 유치원에 가자."

창현이는 속상한지 입이 삐죽 나온 채로 안방으로 들어가 버렸다. 창현이가 들어간 사이 남편과 효린이가 얼른 준비해서 나갔다.

"어린이집은 내가 데려다주고 출근할게. 창현이만 돌봐."

"아빠! 나는 엄마랑 가고 싶은데."

이럴 땐 효린이라도 좀 입을 맞춰줬으면 좋겠는데 엄마랑 가고 싶다며 현관에서 주저앉았다. 출근 시간이 빠듯해진 남편은 종종거렸다. 효린이는 아랑곳하지 않았다.

"효린아, 오늘은 오빠가 많이 아파서 엄마가 오빠를 간호해야 돼. 그래서 데려다주기가 어려운데 아빠랑 다녀오면 안 될까? 대신에 엄마가 나중에 데리러……."

"싫어!"

어르고 달래도 효린이는 아빠와 등원할 기미가 보이지 않았다. 결국, 젤리 두 개를 쥐여주고서야 아빠와 현관문을 나섰다. 두 사람을 보내고 나자 어지럽게 쏟아져 있는 블록들과 책들, 여기저기 벗어놓은 빨랫감들이 눈에 들어왔다. 홀로 속상하게 토라져 있는 창현이를 까맣게 잊은 채 정신없이 집안일을 시작했다.

한참 정리를 하고 있는데 슬그머니 창현이가 거실로 나왔다.

"엄마, 너무해!"

아이는 강가에 돌을 던지듯 내게 한마디 던지고 다시 안방으로 들어가 버렸다.

그때라도 뛰어가서 창현이의 마음을 먼저 알아주었어야 했다. 눈앞에 정신없이 어질러진 집안일에 정신이 팔려 한쪽 귀로 듣고 한쪽 귀로 흘려버렸다.

또 한참을 치우고 있는데 창현이가 뛰어나왔다. 뭔가 따끔하고 지나갔다. 창현이가 공을 던졌다. 정신없이 집안일을 하고 있는데 나를 향해 공을 던진 창현이에게 화가 났다.

"박창현! 너 엄마한테 공을 던지면 어떻게 해!"

화가 나서 소리를 꽥 질렀다. 밤새 아이의 장단에 맞장구를 치느라 피곤이 쌓였다. 어지럽게 널린 집안일로 인한 짜증이 몸 안에서 축적되고 있다가 창현이에게 쏟아져 버렸다.

"엄마, 너무해! 나도 유치원에 가고 싶단 말이야!"

아차! 창현이가 안방에 들어가 버린 건 속상해서 그랬는데 달래주는 것을 깜박했다. 창현이는 안방에서 속상한 마음을 달래 줄 엄마를 기다렸으리라. 나와서 말도 걸어보고, 공을 던지며 속상한 내 마음 좀 알아 달라고. 피곤하고 지친 이놈의 못된 엄마는 알아주기는커녕 공 던졌다고 소리를 꽥 질러 버렸다.

"창현아."

뭐라 말하기도 전에 창현이는 울면서 다시 안방으로 들어가 버렸다. "쾅!" 문이 닫히는 소리와 함께. 문을 열고 안방으로 따라 들어갔다.

"창현아. 유치원에 가고 싶은데 못 가서 속이 많이 상하지? 우리 창현이가 화가 많이 났네."

"흑흑."

"엄마도 창현이 유치원에 보내주고 싶은데 어젯밤에 창현이가 많이 아팠어. 아직 몸이 회복되지 않아서 엄마가 걱정돼. 창현이가 다칠까, 창현이가 혹시 또 아파질까하고. 오늘 하루 푹 쉬고 나면 창현이는 좋아질 거야. 내일 유치원도 갈 수 있을 거야."

"오늘 가고 싶어!"

"어떻게 하지. 오늘은 조금 힘들 것 같은데 창현이가 계속 가고 싶어 하니 엄마 마음이 아파."

창현이는 유치원에 계속 가고 싶은 모양이었다. 응급약도 쓰고 비틀거리는 정도로 보아 오늘은 무리였다. 창현이를 달래고 얼러도 말이 통하지 않았다.

"창현아, 대신 자전거 타고 산책갈까? 엄마가 밀어줄게."

"음, 좋아!"

창현이는 얼어붙은 마음을 풀었다. 금세 얼굴이 환해져서 얼른 자전거를 타러 가자고 난리였다.

"창현아, 조금만 기다려 줄 수 있어? 엄마가 여기 정리하고 있었거든. 조금만 더 하면 되는데 기다려 줄 수 있어?"

"그래! 나는 책 좀 보고 있을게."

창현이는 콧노래를 흥얼거리며 책을 들었다. 나는 창현이의 콧노래를 즐겁게 감상하며 얼른 장난감을 마저 정리했다.

"창현아, 기다려줘서 정말 고마워. 이제 옷 입고 자전거 타러 나가보자."

"응, 엄마 다 끝나가."

창현이가 책을 다 읽고 밖으로 나갔다. 창현이는 떨어진 낙엽을 줍고, 바람을 쐬면서 즐거워했다. 이런저런 이야기를 나누며 낙엽을 감상하고, 나무를 구경했다. 돌아오는 길에 창현이가 말했다.

"엄마, 나 유치원에 정말 가고 싶어. 선생님이 모래 놀이하러 오라고 그랬어."

"창현이는 유치원에 정말 가고 싶구나."

"응, 선생님도 보고 싶고⋯⋯."

한 달에 반은 병원에서 지내고, 집에 돌아와도 아픈 날이 많은 창현이는 출석하는 날보다 결석하는 날이 더 많다. 차라리 가지 않겠다고 하면 좋으련만. 아이가 원하는 사소한 것도 쉽게 들어주기 힘든 현실이 슬프고 가여웠다.

'너에게는 언제쯤 다른 사람들이 하는 걸 당연하게 하는 날이 올까. 우리 가족에겐 평범하게 사는 삶이 언제쯤 올까. 떨어지는 낙엽이 나와 같고, 아슬하게 나무에 매달린 낙엽이 창현이와 같아 서러웠다. 우리 집에도 나뭇잎이 푸르게 무성한 날이 올까.'

고개를 흔들었다.

'아냐, 지금 이 순간 나름의 행복이 있어. 어리석은 생각은 말자. 함께 밥 먹을 수 있고, 산책할 수 있지 않니. 이야기할 수도 있고 말이야. 지금 이대로 여기 숨 쉬고 있는 것만으로 감사하자.'

창현이가 불렀다.

"엄마."

따뜻한 햇볕이 비추는 나무 아래 작은 손으로 손짓하는 창현이가 사랑스러웠다. 달려가 꼭 안으며 말했다.

"사랑해, 창현아."

무슨 일이지 하는 눈빛이던 창현이가 빙그레 웃으며 속삭였다.

"나도 사랑해요, 엄마."

오늘의 요리사
'창현이 요리사'

나는 팟캐스트에서 법륜스님의 즉문즉설을 즐겨듣는다. 스님의 가르침은 냉정하지만, 그 속에 담긴 뼈는 많은 생각을 하게 한다. 때론 눈물 쏙 빠지게 혼을 내시기도 하고, 때론 입장을 바꿔 생각해 보라며 설득하신다. 말씀을 가만히 듣고 있으면 나의 행동을 돌이켜보며 반성을 하고, 새로운 결심을 하게 된다. 아침 식사를 준비하며 팟캐스트를 열어보니 새로 업데이트된 이야기가 올라왔다. 여느 아침처럼 팟캐스트를 틀어놓았다. 법륜스님의 시그널과 함께 시작 전 성우의 메시지가 흘러나왔다. 즉문즉설은 흘러갔다. 팟캐스트에 귀를 열어두고, 눈과 손은 아침 준비를 하느라 여념이 없었다. 창현이는 배가 고픈지 연신 나와 싱크대 사이를 비집고 들어오며 방해를 했다.

"창현아, 배고파?"

"응, 엄마. 나 배고파. 얼른 밥 줘."

"응. 엄마가 얼른 만들어 줄게. 그런데 창현이가 이렇게 왔다 갔다 방해하면 엄마가 아침을 얼른 준비할 수가 없는데. 저기 앉아서 준비될 때까지 기다려줄래?"

창현이는 삐죽거리더니 냉장고 앞에 털썩 주저앉았다.

"나, 여기서 기다리고 있을게. 얼른 만들어 줘~"

"응. 고마워. 얼른 만들어 줄게."

등 뒤로 쏟아지는 레이저 광선을 감당하며 속도를 박차기 시작했다. 내 손은 프라이팬과 냄비, 싱크대를 오가며 정신없이 액셀을 밟았다. 마치 자동차 경주라도 하는 양. 내 마음은 바쁘고 손은 쉴 틈 없이 움직이고 있는데, 팟캐스트에서 흘러나오는 법륜스님의 목소리는 여유가 넘쳤다. 음식이 완성되어 접시에 담았다. 숨죽은 팽이버섯과 부드럽게 익힌 고기가 먹음직스러웠다.

"창현아, 여기 있어. 식탁에 가지고 가서 먹을래?"

"응. 고마워."

창현이는 엉덩이를 털고 일어섰다. 두 손으로 식판을 잡고 조심조심 걸어갔다. 발자국에는 팽이버섯 하나라도 흘리지 않겠다는 굳은 의지가 묻어났다. 허리를 펴고 한숨을 내쉬었다.

"이제 우리 밥을 만들어 볼까."

식이요법 중인 창현이 덕분에 창현이 식단과 효린이 밥, 남편과 내가 먹을 밥을 제각각 따로 준비해야 했다. 굽었던 허리를 펴고 다시 조리대 앞에 섰다. 양파 껍질, 버섯 밑동, 도마, 칼 등이 이리저리 나뒹굴고 있었다. 쓰레기를 정리하고 다시 칼을 잡았다. 가만히 생각해 보니 창현이도 요리를 하는 것에 관심이 있을 지도 모른다는 생각이 들었다.

창현이가 남편과 내가 무언가 하고 있을 때 기웃거리면 '뜨거워, 위험해, 다친다' 이야기하면서 '저리 가서 놀아라.' 말했다. 함께 해 보려고 시도한 적이 별로 없었다. 내가 하면 얼른 할 수 있는데 창현이가 거들면 일이 더 늘어나고, 시간이 오래 걸린다고 생각했다. 방해만 된다고 생각했다. 아이가 이다음에 어떻게 잘할 수 있을까? 아니, 어쩌면 '참, 이건 내가 위험해서 하면 안 된다고 했지. 이건 하면 안 돼.'하며 스스로 포기하지 않을까? 이건 아니라고 생각했다. 창현이가 할 수 없는 것을 하도록 강요하는 것은 나쁘지만 위험하다고 도전조차 하지 못하게 하는 것은 문제가 있다는 생각을 했다. 하나씩 하나씩 아이가 도전할 기회를 빼앗지 말아야겠다고 다짐했다.

점심시간 무렵에 유치원에서 돌아온 창현이와 나란히 부엌에 섰다.

"창현아, 엄마랑 같이 요리 해 볼까?"

아이는 눈을 휘둥그레 뜨더니 입가에 미소를 띠며 말했다.

"요리? 정말? 나 요리 좋아해~"

"대신 뜨거운 불 앞에 있으니 조심해서 해야 해. 알았지?"

"응. 조심할게요~"

함께 칼을 쥐고 조심조심 재료들을 썰었다. 불 앞에 선 창현이에게 프라이팬을 건넸다. 달구어진 프라이팬에 올리브유를 부었다.

"엄마, 이건 뭐야?"

"응, 올리브 기름이야. 볶을 때 올리브 기름을 먼저 넣어줘야 해. 자, 이제 재료를 넣고 볶아 보자."

"어떻게?"

"자, 엄마가 한 번 보여줄게. 숟가락을 잡고 이렇게 휘휘 저으면서 뒤집어주기도 하면서 볶는 거야. 할 수 있겠니?"

"좋아! 창현이는 잘할 수 있어."

창현이는 엉덩이를 씰룩거리며 연신 팔을 저었다. 신나게 팔을 젓던 아이가 갑자기 흥얼흥얼 노래를 부르기 시작했다. 창현이가 좋아하는 공룡 동요였는데 가사를 바꿔 부르기 시작했다.

"오늘의 요리사~ 나 창현이노돈. 바삭바삭 맛있는 요리를 준비해."

창현이의 흥얼거림은 또 하나의 양념이 되어 프라이팬의 재료들을 춤추게 했다. 요리하는 중간중간 프라이팬 끝에 팔이 닿아서 살짝살짝 데이긴 했다.

"앗, 뜨거워."

"괜찮니? 프라이팬이 달궈져 있어서 뜨거우니까 닿지 않게 조심해야 해."

"괜찮아! 이 정도쯤이야."

창현이는 숟가락을 고쳐 잡고 다시 재료들을 휘젓기 시작했다. 노릇노릇하게 볶아지자 한 번도 요리해본 적이 없는데도 다 된 것이 아니냐고 물었다.

"엄마, 이거 다 된 것 같아."

"어디 보자. 와! 잘 볶았구나. 이제 불 꺼도 되겠다."

불을 끄고 잘 볶아진 요리를 접시에 담았다. 룰루랄라 콧노래를 부르며 접시를 들고 가는 발걸음이 경쾌했다. 창현이가 스스로 만든 요리라서 훨씬 맛있게 먹었다. 창현이는 식사 시간이 되면 어서 밥을 달라고 재촉하는 것이 아니라 요리하는 시간으로 여겼다. 덕분에 나는 서두르지 않아도 됐다. 창현이가 요리하는 모습을 보고 효린이도 하고 싶어 하는 통에 각자 자신이 먹을 요리를 준비하는 꼴이 되어 버렸다. 나는 아이가 요리하면 요리 시간이 길어질 것으로 생각했다. 그런데 웬걸. 별 차이가 없었다. 나는 뒤에서 입만 놀리고 한 번씩 뒤적거려줄 뿐 전혀 바쁘지 않았다. 아이들이 프라이팬에 살짝 데일 때마다 뜨겁다고 할 때는 있었지만 걱정했던 것만큼 위험한 일은 생기지 않았다. 오히려 살짝 데이는 경험은 정말 뜨겁다는 것을 인지한 것 같았다. 이전에는 뜨거우니까 멀리 떨어지라고 몇 번을 이야기해도 달라붙던 아이들이었는데 요리를 시작하고 난 이후엔 요리하자고 부르지 않으면 곁에 오지 않았다. 물론 곁에서 위험한 일이 생길지 모르니 마음의 준비는 하고 있다. 움찔움찔하는 마음을 겉으로 내색하지 않을 뿐이다. 어쨌든 창현이가 직접 요리를 시작하고 나서 우려했던 것보다 장점이 훨씬 많았다. 오늘 아침에는 소시지 채소볶음을 만들었는데 식탁에 올려놓고 가만히 앉아 있는 게 아닌가?

"창현아 안 먹어?"

"응, 아빠 보여주려고."

자신이 만든 요리를 자랑하려고 아빠를 기다렸다. 화장실을 다녀온 아빠가 식탁 근처로 오자 창현이는 얼른 아빠를 불렀다.

"아빠, 아빠!"

"응? 왜 그래?"

"이거 내가 만들었어. 창현이 요리사가 만든 거야."

"와, 정말? 진짜 맛있겠다."

"맛있겠지? 아빠도 한 번 먹어볼래?"

남편은 와앙 먹는 시늉을 하며 엄지를 치켜들었다.

"와, 정말 맛있다. 창현이도 한 번 먹어 봐."

"네. 잘 먹겠습니다."

창현이는 연신 창현이 요리사를 외치며 맛있게 소시지 채소볶음을 먹었다.

"아 참, 엄마!"

"응?"

"오늘 참 재미있었어."

씩 웃는 아이의 미소가 톡 쏘는 사이다보다 시원했다. 유리처럼 부서질까 깨질까 품고만 있었던 아이는 깨진다. 흠집이 생기더라도 장식하고, 바깥에 내어놓을 때 오히려 깨지지 않는 튼튼한 강화유리가 된다.

'어떻게 놀아줄까를 고민하지 말자. 무엇을 어떻게 함께 할지 고민하자. 창현아, 우리 오늘은 무엇을 어떻게 함께 할까? 엄마는 또 어떤 것을 너와 함께하게 될까? 사랑해. 창현아.'

함께라서 즐거워!

설거지를 마치고 빨래를 돌려놓고 따뜻한 커피 한 잔을 끓였다. 카페 못지않은 커피 향이 집안 가득 퍼졌다. 은은한 커피 향에 심취에 의자에 앉아 넋을 놓고 밖을 내다보았다. 며칠째 내 눈은 캄캄한 어둠 속에서 헤맸다. 온 세상이 어둡다고 느꼈는데 내 눈에 들어온 것은 세상의 아름다움을 모두 그려낸 산이 펼쳐졌다. 붉은색, 노란색, 초록색, 연두색, 그 외의 색깔 이름으로 표현할 수 있는 많은 색이 산을 물들였다. 꼭 누군가 하얀 옷감에 아름다운 색들을 모두 물들여 놓은 것처럼. 아! 가을이 왔구나. 아이가 아프니 우리 가족들은 창밖에 아름다움이 쏟아지고 있는 것도 몰랐다. 아빠와 효린이가 없는 조용한 아침, 창현이와 단둘이 남았다. 창현이가 오늘 하루 유치원을 결석한 덕분에.

"어머니, 내일은 천주산으로 소풍을 가요. 제법 산길도 험하고 가팔라요. 가서 점심 도시락과 간식을 먹고 내려올 예정이에요."

"예, 안 그래도 통신문에서 확인했는데 창현이는 힘들 것 같아요."

"그럴까요. 혹시나 하고 연락드렸는데……."

"먹고 싶은 것을 마음대로 먹을 수가 없는데……. 친구들이 먹는 것을 보면 먹고 싶을 것 같아요."

"그렇죠. 함께 가면 좋을 텐데. 저도 그 부분이 걱정돼요."

"자주 피곤함을 느껴서 업어 달라고 할 텐데 그것도 걱정이 되고요. 저도 함께 갔으면 싶지만, 소풍은 다음 기회에 가는 게 좋을 것 같아요."

"네. 알겠습니다. 주말까지 푹 쉬고 월요일에 보내 주세요."

창현이는 유치원 활동을 무척 좋아했다. 새벽녘에 노상 경련을 해서 아침에 비틀거리는 걸음으로도 유치원에 가겠다고 했다. 몸이 무겁고 힘들면 어른도 만사가 귀찮은 법인데 어린 녀석이 몸도 아플 텐데 하고 싶은 일이 있다는 것이 얼마나 기특한지. 겨우 한 시간 남짓 다녀오지만 즐겁게 다녀오는 것이 대견했다. 웬만하면 가고 싶다는 청을 들어주었다. 오늘은 별수가 없었다. 보나마나 소풍을 얘기하면 가고 싶다고 난리일 테지만 소풍까지는 여러모로 무리였다. 유치원이 쉬는 날이라고 둘러댔다. 솔직하게 설명해야 하지만 아무래도 가겠다는 아이를 말릴 자신이 없다. 더군다나 아파서 보낼 수 없음을 아이에게 설명하는 일이 쓴 약을 삼키는 것보다 힘든 일이기에. 창현이는 빈둥빈둥하며 온몸으로 '엄마, 심심해.' 노래를 불렀다.

"창현아, 날씨도 좋은데 우리 소풍 갈까?"

"소풍? 가방 메고 소풍 가?"

"풋. 가방 메고 소풍 가는 건 어떻게 알았어?"

"어. 뽀로로에서 가방 메고 소풍 갔어."

"그래 맞다! 뽀로로도 가방에 도시락을 넣고 친구들하고 소풍 갔었지? 우리도 소풍 갈까?"

뒹굴뒹굴하던 창현이는 입이 귀에 걸린 채로 가방을 찾아다녔다.

"엄마, 내 가방 어딨어? 가방, 가방~"

가방을 가져오기 무섭게 녀석은 빠른 손으로 낚아채 갔다. 책이며 장난감이며 마구 쑤셔 넣었다.

"엄마, 이것도 가져가도 돼? 이것도. 책도, 장난감도 다 가져갈래."

"멜 수 있는 만큼 넣어야 해. 너무 무거우면 가방을 메기 힘들어."

가만히 고민하던 창현이는 가방을 뒤집어 바닥에 몽땅 쏟았다. 아끼는 자동차 한 대와 작은 책 한 권을 넣었다. 그사이 나는 어디로 갈지 고민을 했다.

'어디로 가지. 동물원? 동물원은 가는 데만 한 시간 넘게 걸리는데……. 수목원? 수목원도 마찬가지지. 앞산? 앞산엔 가팔라서 업어달라고 징징거리는데.'

가방을 챙기는 들뜬 창현이와 달리 내 머릿속은 어지러웠다. 어디 가깝고 좋은 데 없을까 고민하며 머리를 쥐어짰다.

"창현아, 넌 어디 가고 싶어?"

"응? 소풍~"

"소풍으로 어디 가고 싶어?"

"음, 할아버지한테?"

"할아버지는 오늘 바쁘신데?"

"그럼 외할아버지는?"

"외할아버지도 일 나가시고 안 계신 데?"

"음, 그럼 밖에~"

하하하. 한바탕 크게 웃었다. 창현이는 단지 소풍을 간다는 자체에 들떴다. 어디 거창한 곳에 가고 싶은 것이 아니라 그저 엄마랑 도시락 싸서 바깥으로 나간다는 자체에 즐거워했다.

'창현이는 어디를 가도 즐겁고 행복해. 무리하지 말고 가까운 공원에 가자.'

생각해 보면 나도 그랬다. 그냥 '소풍'이라는 두 단어로 행복했다.

"수빈아, 가방에 넣어갈 간식 두 가지만 사. 너무 많이 사면 무거워서 다 못 가져가."

소풍 전날, 엄마는 내 손을 잡고 슈퍼로 향했다. 알록달록 매끈한 과자봉지들이 내 눈을 휘감았다. 평소에 자주 먹을 수 없던 과자를 직접 고르는 맛이라니! 포도 맛 젤리와 초콜릿 과자를 골랐다. 슈퍼에서 집으로 돌아오는 길에 방방 발을 굴리며 뛰어오던 기억이 난다. 가방에 간식을 넣어두고 잠자기 직전까지 지퍼를 몇 번이나 여닫았는지 모른다. 새벽녘에 문틈 사이로 압력밥솥이 칙칙거리는 소리가 정겹게 들렸다. 씻고 나갈 준비도 소풍 가는 날 아침만큼은 스스로 척척 준비했다. 엄마는 아침 일찍 일어나 간장에 조린 유부 속에 맛있게 조리한 밥을 채우셨다. 접시에 내려놓기 무섭게 쏙쏙 내 입으로 들어왔다. 엄마는 아기 새가 먹이를 먹는 모습을 내려다보며 빙그레 웃으셨다.

"도시락에 쌀 것도 없이 배에 다 채워 가겠다. 천천히 물 먹고 먹어. 그래, 맛있나?"

소풍 때마다 찾아오는 아침은 무척 행복했다. 우물우물 유부초밥을 씹으며 오늘은 어떤 멋진 보물을 찾게 될지 상상하면 심장이 간질거렸다.

창현이의 마음도 유년 시절의 나와 같았다. 엄마와 함께하는 시간이 즐겁고, 밖으로 소풍을 떠난다는 자체에 행복을 느꼈다. 어느새 내 얼굴엔 웃음꽃이 피어올랐다. 양손엔 도시락과 비눗방울 놀이, 킥보드까지 한가득 짐을 안고 소풍을 떠났다. 창현이는 킥보드를 타며 가을바람을 맞았다.

"엄마, 저거 봐. 하늘에 구름이 있어. 하늘이 파래. 저기 잠자리 날아간다."

창현이는 빨간 고추잠자리를 잡으려고 킥보드를 버려둔 채 뛰어갔다. 이리 뛰고 저리 뛰며 잠자리를 잡겠노라고 안간힘을 썼다. 팔랑이는 나비에게 시선을 빼앗겨 반대편으로 뛰고 굴렀다.

"철퍼덕. 으앙~"

잠자리와 나비를 쫓던 창현이가 돌에 걸려 넘어졌다. 창현이는 그 자리에 머문 채 울었다.

"창현아, 괜찮아? 놀다 보면 넘어지기도 해. 엄마가 도와줄게. 일어나 보자."

"흙이 묻었어. 아파."

"흙은 털어버리면 돼. 보자, 어디 다쳤나?"

눈물을 그친 채 팔과 무릎을 내밀었다. 살짝 쓸린 정도였다.

"괜찮아. 집에 가서 엄마가 약 발라줄게. 놀다 보면 넘어질 수도 있어. 씩씩하지?"

툭툭 털고 일어난 창현이는 금세 잊어버리고 잠자리를 잡겠다고 다시 이리저리 방방 뛰었다. 한참을 열심히 뛰어다니던 창현이가 내게로 걸어왔다.

"엄마, 배고파."

"도시락 먹을까?"

"응. 도시락 먹고 싶어."

집에서 싸 온 도시락을 꺼냈다. 소풍 때 싸주신 엄마의 유부초밥처럼 맛있는 도시락이면 좋겠지만 올리브유가 흥건한 두부 버섯볶음이 다였다. 식이요법을 해야 해서 어쩔 수 없는 형편이지만 초라한 음식을 위해 기꺼이 공간을 내어 준 도시락통에 미안하다고 절이라도 하고 싶을 만큼 안타깝고 초라했다.

"자, 도시락. 먹어봐."

창현이는 두부 버섯볶음을 한 입, 두 입 입에 넣었다.

"창현아, 맛이 어때?"

"음, 맛있어. 엄마가 최고야!"

걱정과 달리 창현이는 맛있게 먹었다. 나도 돌 위에 아무렇게나 앉아 친구들과 나눠 먹은 소풍 도시락이 그렇게 맛있었다. 창현이도 밖에 나와 밥상도 없는 벤치지만 이곳에서 먹는 도시락이 훨씬 맛있나 보다. 도시락을 맛있게 먹은 창현이는 비눗방울을 좀 더 하겠다고 했다. 챙겨온 비눗방울을 꺼냈다. 우와 우와 감탄사를 연발하며 신나게 불어대더니 비누방울을 도로 내게 주며 말했다.

"엄마, 크게~ 크~으게 불어줘."

"후우, 어때?"

"와~ 크다 크다~ 우리 엄마 최고!"

비눗방울을 불며 따뜻한 햇볕을 받은 창현이가 무척 행복해 보였다. 아이와 행복은 멀리 있는 게 아닌데 늘 멀리서 행복을 찾으려 했던 내가 부끄러웠다. 멀리 가지 않아도 집 근처 공원에서 먹는 도시락과 비눗방울에서 행복을 찾는 아이가 고마웠다. 창현이는 비눗방울을 불며 연신 감탄했지만 내게는 감탄이자 경탄의 대상이 창현이였다. 내 얼굴에는 잔잔한 미소가 퍼졌다. 한참을 더 놀고 난 후 집으로 돌아갈 시간이 됐다.

"창현아, 이제 정리하고 우리 집에 갈까?"

"응! 좋아! 이제 집에 가자."

"참! 엄마,"

"응. 왜?"

"오늘 참 재미있었어. 사랑해 엄마."

불쑥 튀어나온 창현이의 한 마디로 너무 고마워서 눈물이 날 것 같았다.

"정말? 엄마가 훨씬 고마워. 엄마도 창현이를 많이 사랑해."

엄마, 나는 괜찮아요

오늘 아침은 닭곰탕을 끓였다. 창현이도 먹을 수 있게 조리해 다 함께 먹을 수 있는 메뉴를 만들었다. 창현이가 식이요법을 시작하고 나서 우리는 늘 따로 식사했다. 창현이는 혼자 다른 테이블에서 먹거나 아빠가 곁에서 먹여 주곤 했다. 효린이는 부엌 구석에서 조그만 밥상을 차려 밥을 먹었다. 식사 시간은 가족이 다 함께 모여서 따뜻한 사랑을 나누는 자리가 아니라 단지 배고픔을 달래는 끼니에 불과했다. 서글펐다. 아이들과 이렇게 함께 밥 먹는 시간이 흔하지 않은데 함께 정을 나누며 먹지 못한다는 것이. 고민하고 또 고민했다. 함께 배불리 먹을 수 있는 메뉴가 뭘까. 우연히 발견한 요리책에서 닭곰탕이 있는 게 아닌가. 삼계탕은 각종 재료가 많아 따로 계량하기 힘이 들지만, 닭곰탕은 어렵지 않을 것 같았다. 닭고기 육수를 푹 고아 창현이는 따로 끓이기 시작했다. 닭살을 계량하고, 파, 마늘 등 들어가는 부재료들을 계량해 한 끼를 마련했다.

창현이가 먹을 수 있는 곤약밥과 뜨끈한 닭곰탕을 함께 차렸다. 밥상에 빙 둘러앉았는데 눈물이 핑 돌았다. 이렇게 둘러앉아 밥을 먹은 지가 언제인지. 서로 몰래 먹기 바빴고, 그저 배고픔을 달래기 바빴던 끼니가 떠올랐다. 식이요법을 한답시고 가족의 식사에 너무 무심했던 것은 아닌지 후회가 밀려왔다. 창현이는 새콤한 김치, 곤약밥과 구수한 국물을 후루룩 떠먹기 바빴다. 효린이도 혼자서 푹푹 떠먹으며 연신 김치를 올려 달라고 했다.

'아, 이런 것을 두고 아이들이 먹는 모습만 봐도 배부르다고 하는구나!'

아이들이 후루룩후루룩 연신 맛있다고 외치며 먹는 모습이 얼마나 기쁘고 배가 부르던지.

처음 끓여 어설픈 닭곰탕은 오랜 전통을 가진 할매장인의 맛에 1/10에도 미치지 못하는 맛이었지만 우리는 정말 감사하게 먹었다. 함께 둘러서 같은 음식을 호호 불어가며 먹는 것이 얼마나 기쁜 일인지! 얼마나 소중한 일인지 진심으로 깨달았기 때문에.

가족들이 거의 다 먹어갈 무렵 나도 한술 뜨기 시작했다. 반 정도 먹었을까. 창현이의 눈빛이 애처로웠다.

"나도 김치."

"안 돼. 엄마가 김치 많이 줬는걸."

창현이는 눈짓으로 아빠에게 간절히 애원했다.

"어떻게 하지? 나더러 하나만 달라고 하는데."

남편은 곤란하다는 표정을 지으며 안타까워했다.

"창현아, 그럼 하나만 더 먹어. 엄마가 더 주고 싶지만, 창현이는 많이 먹으면 또 아플 수 있어서 아쉽지만 참아야 해."

잘게 잘린 김치를 남은 국물 위에 얹어 주었다. 창현이는 서둘러 숟가락으로 국물과 김치를 떠서 입에 넣었다.

'얼마나 먹고 싶을까! 이깟 김치가 뭐라고.'

그 순간 케톤식이 뭐라고 아이를 김치 하나에 목매달게 해야 하나 싶어 가슴이 저렸다. 대체 무슨 부귀영화를 누리겠다고 아이의 먹는 기쁨까지 빼앗아가야 하는가 싶어 당장에라도 때려치우고 싶었다. 하지만 더 주지 않는다고 떼쓰지 않고, 고집 피우지도 않는 아이를 앞에 두고 내가 소란을 피워서는 안 된다고 생각했다. 오늘 식사에는 토마토를 추가했다. 유일하게 먹을 수 있는 과일이 토마토인데 남편이 마침 전날 저녁 토마토를 사다 줬다. 냉장고에서 토마토를 꺼냈다. 창현이의 눈에서 기쁨의 환희가 쏟아져 나왔다.

"엄마, 그거 토마토야? 나, 토마토 정말 좋아해."

아이는 만세를 부르며 크게 기뻐했다.

사실 창현이는 크게 편식하는 편은 아니지만, 토마토와 수박, 오이를 좋아하지 않았다. 특유의 향이 나서 그런 것 같기도 했다. 특히나 토마토와 오이는 어른들도 호불호가 갈리는 채소가 아니던가! 케톤식을 하고 나서 아이는 토마토도 사랑했다. 냄비에 끓고 있는 뜨거운 물에다가 토마토를 넣었다. 껍질이 토마토에서 탈피하려는 순간 뜨거운 물에서 꺼냈다. 창현이가 먹을 수 있는 양은 고작 주먹만 한 토마토의 1/6 정도였다. 따뜻하게 데쳐져 더욱 붉어진 토마토에 올리브유를 세 방울 정도 떨어뜨렸다. 큰 숟가락에 올리브유를 15g 따랐다. 15g이면 성인 숟가락에 수북이 가득 부은 양보다 좀 더 많다.

"창현아, 토마토 가져왔어. 토마토 먹기 전에 올리브유 먼저 먹어야 해."

검은색 계량스푼으로 늘 올리브유를 먹어서 창현이는 검은색 계량스푼을 썩 좋아하지 않는다. '올게 왔구나!' 하는 표정으로 숟가락이 입에 다가오자 입을 벌렸다. 올리브유는 하루에 소주 한 컵씩 마시면 몸에 좋다고 하지만 먹는 게 절대 편하지 않다. 기름을 마시는 게 편한 사람이 어딨겠는가! 창현이도 올리브유를 마시고 나면 순간 눈에 눈물이 맺히고, 눈가가 붉어진다. 먹기가 정말 힘들 텐데 창현이는 한 번도 짜증을 낸다거나 거부한 적이 없었다. 올리브유를 무거운 마음으로 털어 넣을 때마다 입버릇처럼 말했다.

"창현아, 정말 대단해. 먹기가 쉽지 않을 텐데 이렇게 잘 먹어줘서 너무너무 고마워."

창현이는 눈물이 맺힌 눈을 닦고 토마토를 먹었다. 곁에서 함께 애처롭게 바라보던 남편이 물었다.

"창현아, 맛있어?"

"응, 정말 맛있어. 엄마 요리사가 최고야! 아빠도 하나 줄까? 아빠는 안 먹어? 효린이는 안 먹어?"

"아니, 아빠는 조금 있다 먹을게. 우리 씩씩한 창현이 다 먹어. 효린이는 토마토 별로 좋아하지 않아서 안 먹는대."

"맞아! 나는 토마토 싫어. 맛이 없어. 안 먹을래."

밥을 다 먹고 일어서던 효린이도 아빠 말에 맞장구를 쳤다. 창현이의 눈물이 남편에게 옮겨갔는지 남편의 눈도 촉촉해졌다. 창현이는 금세 토마토를 다 먹고 올리브유와 토마토즙이 범벅된 국물을 들이켰다. 아쉬운 마음을 옆에 있는 물로 달랬다. 얼굴에선 여전히 조금 더 먹었으면 좋겠다는 표정이 서려 있었지만 모른 척 뒤를 돌아 고무장갑을 꼈다. 다 먹고 난 빈 그릇에 물컵과 숟가락을 담아 가져왔다.

"엄마, 다 먹었어. 잘 먹었습니다."

창현이는 기분이 좋은 듯 배를 두드리며 그릇을 건넸다. 깨끗하게 싹 비운 창현이가 고맙고 기특했다. 그릇을 건네받아 싱크대에 담았다. 방금 꼈던 고무장갑을 다시 벗고 창현이를 안았다.

"맛있게 먹어줘서 정말 고마워. 잘 먹어줘서 예쁘다. 사랑해."

"나도 사랑해. 엄마, 나중에 또 맛있는 것 만들어 줄 거지?"

"응. 나중에 더 맛있는 것 만들어 줄게. 아니, 같이 만들자. 우리 창현이 요리사는 요리도 잘하잖아."

"좋아. 나중에 같이 만들자."

창현이는 씩 웃으며 부엌을 나갔다. 이것밖에 만들어줄 수 없고, 더 주고 싶어도 더 줄 수가 없어 속상했다. 아이의 먹는 기쁨을 빼앗은 것만 같아서 괴로웠다. 나와 달리 아이는 아쉽지만 괴로워하지 않았다. 떼를 쓰지도 않았고, 그저 맛있게 먹었다. 때론 조금만 더 주면 안 되냐는 애처로운 눈빛을 보내기도 했지만 귀여운 애교에 불과했다. 그저 주어진 식사에 만족하며 즐겁게 먹을 뿐. 그렇게 생각하니 아이보다 내가 한참 모자라는구나 싶었다. 창현이는 자신이 더 먹을 수 없다는 것도, 먹고 싶어도 참아야 한다는 것도 이해하고 불평하지 않았다. 오히려 내가 아이에게 먹고 싶은 것을 마음껏 줄 수 없는 현실에 괴로워할 뿐. 나도 이만큼 괴로우니 아이는 더 괴로울 거로 생각했다. 잘 지내고 있는데도 불구하고.

'그래, 저렇게 맛있게 잘 먹어주니 충분하잖아. 식이요법을 끝마치기 전에는 쓸데없는 생각은 버리자. 식이요법을 하는 동안에는 식이요법에만 집중하자.'

어쩌면 때론 세상엔 하고 싶어도 할 수 없고, 먹고 싶어도 참아야 하고, 갖고 싶어도 가질 수 없을 때가 있다는 것을 가르쳐주는 과정이 아닐까. 창현이에게는 참는 법을 배우는 중이요, 나에게는 퇴색해버린 참는 법을 다시 한번 배우는 중이라는 것을.

'아! 아이는 이렇게 또 나를 가르치는구나!'

영화 '어벤저스'에 나오는 영웅들보다, 나라를 구한 위대한 영웅들보다도 창현이가 멋지고 위대하게 느껴졌다. 힘든 시간을 누구보다 슬기롭고 지혜롭게 버텨주는 아이는 위대한 작은 거인이었다. 울컥하는 마음에 거실에서 놀고 있는 창현이를 와락 끌어안았다.

"창현아, 엄마 아들로 태어나줘서 정말 고마워. 엄마한테 너는 큰 기쁨이야."

영문을 모르겠다는 듯 창현이는 나를 뿌리치려 했다. 뿌리치려는 창현이를 더 세게 끌어안았다. 볼에다 사랑을 듬뿍 담은 뽀뽀를 했다. 창현이도 뿌리치려는 손을 뻗어 가만히 나를 안았다. 내 등을 토닥토닥 두들겼다. '엄마 괜찮아. 엄마 괜찮아'라고 말하듯이.

"창현아, 엄마는 우리 창현이 아주 많이 사랑해."

"엄마, 나도 엄마 많이 사랑해."

아이는 나를 안았던 손을 조심스레 풀었다. 머리 위로 하트를 그려 마음을 보여 주었다.

신이시여! 이 아이를 보내주셔서 감사합니다.

우리 창현이가 달라졌어요

"어머니, 창현이가 오늘 또 바지에 실수해서 갈아입혀 보냈어요. 저희가 잘 봤어야 했는데 죄송합니다."

"아니에요. 선생님. 창현이가 소변을 잘 가리는데 유치원에 가서 자주 실수를 하네요. 제가 죄송해요."

"화장실이 잘 적응이 되지 않거나 학기 초에 힘들어하는 친구들이 있어요. 걱정하지 마세요. 시간이 지나면 괜찮아질 거예요."

집에서는 혼자서 화장실도 잘 가는데 유치원에 입학한 창현이가 거의 매일 바지에 실수했다. 젖은 바지 덕분에 아이의 작은 가방은 늘 터질 것 같았다. 아이들은 실수하고 큰다고 하지만 주변에 같은 또래 아이들을 키우는 엄마들의 이야기를 들어보니 창현이가 심한 편에 속했다. 괜히 마음은 더 속상해졌다. 유치원 버스에 내린 창현이 가방은 그날도 불룩했다.

"창현아, 가방에 젖은 바지가 들어 있네."

"응. 화장실에 가는데 쉬가 나와버렸어."

아직 조절이 잘 안 되는 것 같았다. 특히 자기가 좋아하는 놀이 시간이면 놀이에 집중하느라 가고 싶다가도 잊어먹거나 참는 탓에 바지에 곧잘 실수했다.

"쉬가 마려우면, 어떻게 해야 해?"

"선생님, 쉬 마려워요. 화장실 가고 싶어요. 얘기해야 해."

"응, 내일은 좀 더 잘해 보자. 우리 창현이 파이팅!"

솔직히 마음은 속상하지만 내색하지 않고 창현이를 달랬다. 자기 나름으로는 부끄럽고 수치스러울 수도 있는 일이니까.

다음 날 유치원 버스에서 내리는 창현이 얼굴이 울긋불긋했다. 아이를 데리고 집에 들어와서 보니 약간 할퀸 자국도 있고 볼 여기저기가 붉었다. 창현이에게 무슨 일이 있었는지 물어보려고 하는데 담임 선생님으로부터 전화가 왔다.

"어머니, 창현이 잘 도착했나요?"

"네, 선생님. 잘 도착했어요."

"혹시 창현이 얼굴 보셨어요? 제가 약을 발라줬는데 약간 상처가 있죠?"

"네, 안 그래도 지금 보고 창현이에게 물어보려고 그랬어요."

"오늘 창현이가 장난감을 가지고 놀다가 친구가 하는 블록이 마음에 들었나 봐요. 친구가 만들고 있는 블록을 뺏으려다가 싸움이 났어요. 친구는 뺏기지 않으려 하고, 창현이는 갖고 싶고 그러다 싸움이 났어요. 바로 말렸는데도 얼굴에 상처가 났네요. 죄송합니다. 놀라셨죠."

"아, 그랬군요. 아이들이 놀다 보면 싸울 수도 있고 그렇죠. 괜찮아요. 그나저나 창현이가 친구들의 물건을 자주 뺏으니 걱정이네요. 친구들이 많이 속상했겠어요."

"아직 5살이라 자기가 갖고 싶은 게 우선인 친구들이 많아요. 창현이뿐만 아니라 다른 아이들도 그래요. 창현이가 좀 자주 빼앗는 편이긴 하지만 계속 잘 이야기 해 줘요. 그리고 물어보면 창현이도 빼앗지 말아야 하고 갖고 싶으면 먼저 물어봐야 한다는 것을 잘 알더라고요. 머리로는 알고 있는데 아직 실천이 어려운 것 같아요. 어머니, 집에서도 계속 설명해 주세요. 시간이 지나면 창현이도 좋아질 거예요. 시간을 가지고 기다려요. 어머니."

"선생님, 감사합니다. 저도 집에서 잘 설명해 줄게요. 시간이 지나면 좋아지겠죠. 선생님?"

"그럼요. 어머니. 분명 좋아질 거예요."

선생님은 늘 시간이 지나면 좋아질 거라고 힘을 주셨다. 괜히 창현이가 먹는 약이 신경 쓰이고, 창현이가 ADHD가 되지 않을까, 사회성이 결여되지 않을까, 기본 생활습관이 제대로 형성되지 않을까 온갖 걱정이 머릿속에 가득 찼다. 창현이는 집에서도 동생 것을 자주 빼앗아서 다투곤 했다. 이대로도 괜찮다 괜찮다 하면서도 내 안에 욕심이 가득 찼는지 어쨌는지 속상한 마음을 달래기가 어려웠다. 걱정은 되지만 걱정을 해 봐야 별다른 뾰족한 수도 없는데 더 걱정하지 말자고 생각했다.

그 후로도 창현이는 바지에 큰 실수를 하기도 하고, 여전히 자기가 갖고 싶으면 친구 물건을 빼앗았다. 선생님과 나는 창현이가 그럴 때마다 늘 설명했다. 어떻게 해야 하는지. 조바심 나는 마음을 억누르며 부드럽게 설명해 주기 위해 애를 썼다. 창현이에게 조금씩 변화가 찾아왔다.

"효린아, 장난감 좀 빌려줄래?"

창현이가 물어보기 시작했다. 아주 빨리 물어보고 장난감을 빼앗아왔지만 창현이가 점점 변하고 있다는 사실에 기뻤다.

"어머니, 창현이가 친구들에게 '친구야, 장난감 해도 돼?' 먼저 물어보기 시작했어요. 여전히 빼앗기는 하지만 먼저 물어보는 게 달라졌어요. 화장실에 가고 싶을 때 먼저 와서 화장실에 가고 싶다고 이야기하고 잘 다녀오고요."

창현이가 조금씩 변하고 있다는 사실에 선생님과 나는 진심으로 기뻐했다. 창현이는 느리지만 분명 변하고 있었다. 봄이 여름으로 바뀌고 여름이 가을로 바뀌고 계절이 어느새 겨울의 문턱까지 찾아왔다. 창현이의 옷차림도 가벼운 점퍼 차림에서 반소매로 다시 긴 팔로 어느새 두툼한 점퍼로 변했다. 거의 매일 들어 있던 젖은 바지가 없는 날이 늘어났다. 유치원을 하원 할 때는 젖은 바지로, 등원할 때는 여벌 바지로 뚱뚱했던 가방이 홀쭉해졌다. 얼마 전 오랜만에 여벌 옷을 보냈다. 계절이 바뀌어서 따뜻한 옷으로. 벌써 대소변을 잘 가리는 아이들의 엄마는 호들갑스럽다고 할지 모르지만 나와 남편은 얼마나 기뻐했던지.

"창현이는 단지 조금 느렸던 거였어. 약 때문이 아니었어."

그리고 며칠이 지났을까. 오랜만에 담임 선생님으로부터 연락이 왔다.

"어머니, 오늘 창현이 소풍 잘 다녀왔어요. 그네를 타는데 순서대로 차례도 잘 기다려줬어요. 예전에는 친구가 할 때 자기가 하겠다고 고집을 피울 때가 많았는데 잘 기다리고 의젓해졌어요. 창현이가 많이 발전했어요. 궁금한 것도 많아서 새들이나 나뭇잎을 보면서 이것저것 질문도 많았답니다."

"선생님, 요즘 친구들하고는 어때요?"

"아, 요즘은 하고 싶어도 친구가 하고 있을 때는 다른 놀이를 찾거나 해도 되는지 물어봐요. 친구가 안 된다고 하면 '다 하고 줘!' 하고 기다린답니다. 정말 많이 의젓해졌어요. 집에 돌아오면 칭찬 많이 해 주세요."

한 달에 반 이상을 병원에서 보내면서 결석했다. 친구들과 친해질 시간도 부족했고, 규칙을 몸에 익히기도 짧은 시간이었지만 창현이는 자신의 속도로 조금씩 조금씩 성장했다. 집에서도 창현이의 변화를 조금씩 체감은 했지만, 선생님께 직접 이야기를 듣고 나니 아! 더 이상 말을 이을 수가 없었다. 가슴 벅차고 감격스러운 순간을 표현할 만한 마땅한 말이 도무지 생각나지 않았다.

"감사합니다. 감사합니다. 선생님 덕분이에요. 정말 감사합니다."

"어머니와 우리가 다 같이 기다려 준 덕분이라고 생각해요. 며칠 전 모래놀이 상담 수녀님께서도 말씀하셨어요. 창현이가 처음 모래 놀이를 시작할 때는 양보도 하지 않았고, 함께하기보다 혼자서 독차지 하려고 했는데 지금은 양보도 잘하고 친구와 함께하고 싶어 한다고요. 창현이가 정말 발전하고 좋아졌다고 말씀하셨어요."

그날 나는 전화기를 붙들고 감사하다고 말하며 전화기 너머에 계신 선생님께 몇 번이나 허리를 굽혀 인사를 했는지 모른다.

"창현아, 유치원 잘 갔다 왔어?"

"응, 오늘 참 재미있었어. 모래 놀이했는데 엄마 만들었어."

"정말? 엄마를 만들었다고?"

"응. 엄마 집도 만들고, 엄마도 만들고, 또……."

창현이는 초롱초롱한 눈망울로 즐거웠던 이야기보따리를 풀어헤쳤다. 자신감에 가득 찬 아이의 목소리는 경쾌했고, 덩달아 내 마음까지도 경쾌했다.

"창현아, 선생님이 오늘 전화를 주셨어."

"선생님이?"

"응. 창현이가 유치원에서 있었던 이야기를 해 주셨어. 모래 놀이할 때 친구 장난감 양보도 잘하고, 친구와 함께 즐겁게 한다고 말씀하셨어. 그리고, 요즘에 창현이가 친구가 가지고 노는 장난감을 빼앗지 않고 잘 참고 기다린다고 칭찬해 주셨어. 우리 창현이 그랬어?'

"응. 친구의 것이 하고 싶으면 물어봐야 해. 친구가 안 된다고 하면 기다려야 해. 내가 공룡 양보도 했어."

기다리고 믿어주면 되는구나! 조바심낼 필요 없이 아이를 믿고 기다리면 다 된다는 것을 그 불변의 진리를 왜 놓쳤을까. 엄마보다 몇 배로 성장한 창현이가 오늘따라 훌쩍 자란 나무와 같았다.

"창현아, 우리 창현이 친구와 사이좋게 지내고 차례 기다리기도 힘들었을 텐데 기다리기도 잘하고. 정말 멋져. 엄마는 창현이가 너무너무 자랑스러워. 사랑해."

"뭘 이런 것쯤이야. 이제부터 나만 믿어."

대체 이런 말투는 어디서 배웠는지. 그래, 엄마는 그저 너를 믿을게. 믿고 기다릴게. 고마워. 정말 뜨겁게 사랑한다.

제3장
효린이 이야기

엄마가 화낼까 봐 무서웠어!

째깍째깍. 시계는 9시를 넘어섰다.

"얘들아, 잠잘 시간이야. 방에 들어가서 잘 준비하자."

창현이와 효린이가 아쉬운 듯 가지고 놀던 장난감을 계속 만지작거렸다.

"그럼, 한 번만 더 놀고 방에 들어가자."

아쉬워하는 아이들을 가만히 기다렸다. 순간 아이들의 표정이 밝아졌다. 장난감 냉장고에 과일을 넣고 문을 열었다 닫았다 하며 소꿉놀이를 했다. 어지럽게 널린 장난감을 몇 개 정리하고 있으니 효린이가 말했다.

"엄마, 이제 다 했어. 자자."

창현이는 먼저 방으로 들어갔고, 효린이가 뒤따라 방으로 들어왔다. 아이들은 누웠다가 벌떡 일어났다.

"엄마, 자기 전에 책 볼래."

"그래, 보고 싶은 책 가져와. 엄마가 읽어줄게."

책장으로 달려가 작은 눈동자를 이리 굴리고 저리 굴리며 책을 골라왔다. 창현이는 작은 그림책을 효린이는 몸통만 한 큰 동화책을 가져왔다.

"엄마, 나 먼저 읽어 줘."

"아니야! 내가 먼저 왔어. 나부터 읽어 줘."

서로 자기가 먼저 왔다며 읽어 달라고 아우성이다. 연년생 남매라 그런지 늘 서로 먼저 해야 하고, 더 관심받고 싶어 하는 아이들. 가운데서 늘 곤혹스러웠다.

"엄마는 하나씩 읽어줄 수밖에 없는데, 서로 읽어달라고 내밀면 누구 먼저 읽어줘야 할지 곤란해. 어떻게 해야 하지?"

"내가 먼저 왔잖아! 오빠 기다려. 내가 먼저 왔어!"

목소리 큰 효린이가 오빠에게 으름장을 놓았다.

"안 돼! 내가 먼저 왔어."

한참을 실랑이하던 효린이는 "흥!" 하고 등을 돌려 누웠다.

"내가 먼저 왔는데…… 오빠 나빠! 엄마 나빠!"

창현이는 눈을 끔뻑이며 내게 책을 들이밀었다.

"창현아, 잠깐만 기다려줘. 효린아, 먼저 읽고 싶은데 그러지 못해서 속상해?"

"응! 속상해!"

"그랬구나. 우리 효린이가 속상했구나. 효린이랑 창현이가 서로 양보를 하지 않으니 엄마가 가운데서 무척 곤란해. 엄마 마음이 속상하다. 어쩌지?"

"……."

순간 정적이 흘렀다.

"그럼 오빠 읽어 줘! 오빠, 읽고 나 읽어 줘야 해!"

"효린아, 효린이가 먼저 양보해 준 거야?"

"응! 내가 양보한 거야."

"너무 고마워. 효린이가 양보해줘서 엄마가 너무 기쁘다. 얼른 오빠 읽어 주고 효린이 읽어 줄게. 창현아, 효린이가 창현이한테 먼저 양보한대."

"고마워."

그렇게 싸움은 일단락되었다. 아이들이 번갈아 가며 가져오는 책을 읽어 주었다. 중간중간 서로 먼저 읽겠다는 소동이 있었지만 타이르고 양해를 구해서 무리 없이 책을 읽었다.

창현이는 먼저 잠이 들었다.

"효린아, 이제 밤이 늦었네. 효린이도 그만 자야지."

"응, 엄마. 같이 자자."

불을 끄고 효린이를 안고 토닥였다. 얼마나 토닥였을까? 말똥말똥한 두 눈으로 말했다.

"엄마, 나 물 줘."

내게도 인내심이 점점 바닥을 들어내기 시작했다. 어서 재우고 집안 정리도 해야 하고, 설거지며 할 일이 산더민데 토닥이는 엄마의 노력에 찬물을 끼얹는 소리. 물을 달라는 소리에 꼭 닫혀있는 뚜껑이 슬며시 고개를 들었다.

"밤에 물 마시면……. 이불에 쉬 할 텐데……."

"아앙~ 조금만 마실게!!"

들썩이는 마음을 누르고 컵에 물을 따라 가져왔다. 바닥에 내려놓으며 말했다.

"이불에 쏟을 수 있으니까 여기 내려와서 마셔."

몸을 뒤척뒤척하더니 일어나 바닥에 앉아 물컵을 집었다. 다시 베개에 누우려는 순간 찰랑거리는 소리가 들려왔다. 굳어 버린 효린이와 젖은 이불이 눈에 들어왔다.

"그러게, 엄마가 바닥에서 마시라고……."

"으앙~"

말을 하는 중간에 효린이가 울음을 터뜨리려고 했다. 간신히 억눌렀던 내 인내심이 순간적으로 바닥을 드러낼 뻔했다. 얼른 효린이를 안아 토닥였다.

"효린아, 아니야 아니야, 엄마가 너를 혼내려고 한 게 아니었어. 놀랐지? 괜찮아. 효린이는 아직 어려서 실수할 수 있는데 엄마가 잘못했어. 걱정하지 마. 쏟은 물은 닦으면 되고, 다음에 조심하면 돼. 괜찮아, 괜찮아."

속사포처럼 아이에게 괜찮다고 말하며 등을 쓰다듬었다. 울먹이던 아이가 잦아들었고, 떨리던 눈동자가 제자리를 찾았다.

"다음엔 조심할게요."

"응응, 그래 효린아. 우리 효린이는 실수할 수 있어. 다음에 조심하면 돼. 그런데 혹시 엄마가 화낼까 봐 무서웠어?"

"응. 무서웠어."

효린이가 내 품으로 파고들었다. 효린이를 쓰다듬으며 가만히 생각했다. 효린이는 최근 들어 실수하면 먼저 울음을 터뜨렸다. 다른 사람의 탓을 하며 화를 내기도 하고 엉엉 울며 바닥에 누워 버리기도 했다. 창현이가 입원해서 친정에 맡겨졌을 때 친정엄마가 하루는 전화가 왔다.

"효린이가 소파에서 가위질을 하고 있었거든. 자른 종이들을 소파 틈 사이에다 쑤셔넣은 거야. 조금 있다가 갑자기 종이를 꺼내면서 구겨졌다고 자지러지게 울기 시작하더라. 아이구, 달래도 안 되고, 할머니가 그랬다고 난리를 치는데. 내가 아주 곤욕을 치렀어!"

효린이가 먼저 으르렁거리고 울었던 것이 나 때문이었다. 힘들고 피곤하다는 이유로 아이의 실수를 달달 볶아댔던 것이 화근이었으리라. 아이는 먼저 선수 치는 법을 택한 것 같다. 혹은 혼이 날까 두려워 먼저 더 크게 울었던 것인지도 모른다. 아이의 실수를 너그럽게 이해해 주고, 스스로 깨우칠 수 있도록 가르쳐야 했는데. 나의 사소한 말이 아이의 마음을 다치게 했구나 싶어 무척 마음이 아팠다. 누군가 실수는 지적받아야 할 일이 아니라 발전할 기회로 삼아야 한다고 했는데……정작 나는……. 아이는 실수를 저지를 때마다 엄마의 눈치를 살폈을 테고, 먼저 울고 소리치는 것으로 두려움을 달랬던 것이리라. 생크림보다 부드러운 아이를 마구 휘저어 망가뜨린 것만 같았다. 문득 창현이가 병원에 입원했을 때 만난 한 엄마가 떠올랐다.

창현이가 폐렴으로 다인실에 입원했다. 옆 침대에는 7살 여자아이가 있었다. 어느 날 커튼을 치고 아이가 간이 소변기에 소변을 하고 있었던 모양이다. 엄마를 붙잡고 소변을 보던 아이는 순간 텔레비전에 시선을 빼앗겨 중심을 잃었던 것 같다. 철퍼덕하는 소리가 들렸다. 아이는 침대에서 떨어졌고, 소변은 사방에 튀었다. 엄마는 콜벨을 눌러 간호사에게 시트와 아이의 옷을 부탁했다. 그때부터 엄마의 잔소리가 시작됐다.

"쉬하면서 움직이면 어떻게 하냐! 너 병원에 텔레비전 보러 왔냐! 쉬만 해야 할 것 아니야!"

엄마의 고함과 함께 '짝'하고 등 두드리는 소리가 들렸다.

"너 때문에 우울해서 내가 못 산다 진짜. 힘들어서 죽겠다고! 쉬하면 쉬만 해야 할 것 아니야!"

아이는 엉엉 울었고, 엄마는 시트를 거칠게 벗겼다.

여자아이의 작은 실수에 거칠게 대응한 엄마와 내가 절대 다르지 않음을. 부족한 엄마로 인해 아이들이 받아야 하는 상처의 크기가 너무 컸다.

어느새 나에게 볼을 비비며 웃고 떠드는 효린이를 꼭 안았다. 사랑을 담아 진심으로 아이에게 용서를 구했다. 나의 진심을 가슴으로 전했다.

"효린아, 그동안 엄마가 너에게 속상하게 했던 말들 정말 미안해. 엄마가 너를 미워해서 그런 것은 아니지만 정말 미안해. 엄마는 너를 많이 사랑해. 엄마 딸로 태어나줘서 정말 고마워."

"엄마, 괜찮아. 사랑해요. 엄마."

엄마, 그럼 내 기분이 나쁘잖아

"성부와 성자와 성모의 이름으로 아멘."

성호를 그으며 손을 모았다. 원래 남편과 나는 종교가 없었다. 창현이가 천주교 법인 유치원을 다니게 되면서 호의를 가지게 됐다. 유일하게 창현이의 병에 개의치 않고 환영해 준 곳이었다. 그것보다 더 큰 이유는 창현이의 건강을 기원하는 마음이 컸기 때문이다. 아이들과 식탁에 둘러앉아 기도를 시작했다. 타닥타닥 장작이 타는 흉내를 내며 온기를 내뿜는 초를 앞에 두고 눈을 감았다.

"오늘 하루도 우리 가족이 무사히 집에 돌아와서 감사합니다. 창현이가 오늘 하루 건강하게 보냈습니다. 감사합니다."

"엄마, 효린이도!"

"아, 맞아. 효린이도 오늘 하루 건강하게 보냈습니다. 감사합니다."

감사하는 마음으로 정성껏 기도를 드렸다. 아무쪼록 감사하는 기운이 창현이의 병을 낫게 해 주시길 바라는 마음으로. 한참 기도를 하고 있는데 툭툭거리는 산만한 소리가 들려왔다. 슬며시 눈을 떠보니 효린이가 가운데 있던 초를 끌어다 만지고 있었다. 붉은색, 주황과 노랑이 오묘하게 섞인 촛불이 신기했던 모양이다. 이리 굴리고 저리 굴리며 초를 굴리는 통에 식탁과의 마찰음이 생겼다. 감사 기도를 끝내고 아이들과 오늘 하루는 어땠는지 이야기를 나눴다.

"창현아, 오늘 유치원에서 어땠어?"

"엄마~ 물감 놀이를 했어. 초록색하고 주황색 만들었어!"

"초록색하고 주황색? 어떻게 만드는 거야?"

"음, 노란색하고, 파란색하고 섞었어. 이렇게 이렇게. 초록색 나왔어."

창현이가 팔을 크게 휘휘 저으며 물감 섞는 흉내를 냈다.

"와, 그래? 그럼 주황색은? 주황색은 어떻게 해?"

"어, 주황색은……. 노랑색 하고……."

창현이가 생각이 잘 나지 않는 듯 눈동자를 이리저리 굴리며 또 어떤 색깔을 섞었는지 고민했다. 남편과 나는 아이의 표정을 흥미롭게 바라보았다. 그때였다. 초를 이리저리 굴리던 효린이가 촛불을 만지려고 했다. 나도 모르게 깜짝 놀라 짧게 소리를 지르고 말았다.

"어어, 야!"

내 소리에 놀란 효린이가 촛불에 다가가던 손을 멈춘 채로 나를 바라보았다. 동그랗게 놀란 토끼 눈을 한 채로.

"어, 효린아. 촛불은 뜨거워. 보기만 해야지. 만지면 손을……."

"으앙."

수습을 위해 설명을 하는데 효린이가 울음을 터뜨렸다. 울음 섞인 목소리로 울음 중간에 말했다.

"엄마, 지금 나한테 야! 라고 그랬어? 엉엉. 그럼 내가 기분이 나쁘잖아."

급한 나머지 나도 모르게 튀어나온 한마디가 파장을 몰고 왔다.

"으앙, 엄마가 나한테 '야!' 라 그랬어. 으앙. 엄마 나빠. 미워. 나 기분 나빠."

울음 중간마다 아이가 푸념을 담아 하소연했다. 촛불에 손을 가져가려다 데일 뻔한 상황은 사라졌다. 아이한테 막말을 던진 가해 엄마만 덩그러니 남았다. 땀을 삐질삐질 흘리며 효린이를 달랬다.

"효린아, 미안해. 효린이가 다칠까 봐 말린다는 게 엄마도 급해서 말이 잘못 튀어나온 거야. 그래도 '야!'라고 해서는 안 되는 거였어. 정말 미안해. 엄마가 '야!'라고 해서 효린이 기분이 나빴구나. 다음엔 안 그럴게. 정말 미안해."

진심이 아니었다는 말을 주절주절 늘어놓았다. 앞에 앉은 남편은 상황이 웃긴다는 듯 연신 키득거렸다. 키득거리는 남편에게 눈총을 쏘았다. 한참을 울먹거리며 하소연하던 효린이는 다음부터 그러지 말라는 당부를 마친 후에야 울음을 거뒀다.

'사소한 내 행동 하나가 아이에게 큰 상처를 입힐 수 있구나. 조심해야겠다.'

육아 전문가들은 아이들도 하나의 인격체이며, 존중해야 할 대상이지 어린 존재가 아니라고 말한다. 머리로는 이해하면서도 일상에서 아이와 함께 하는 순간에 이번과 같이 사소하게 실수를 할 때가 종종 생기는 것 같다. 아이들에게 별 생각 없이 했던 행동이 상처를 주지는 않았는지 반성을 했다.

'앞으로는 좀 더 말과 행동에 신중해야겠어. 조심해야지.'

'야!' 사건이 있었던 며칠 뒤, 어느 주말 점심, 기침 감기로 입맛이 없는지 효린이가 밥을 잘 먹지 않았다. 어린이집에서 핼러윈 행사 때 받아온 초콜릿 봉투를 가리키며 노상 초콜릿만 먹으려고 했다. 알록달록 사탕과 달콤한 초콜릿을 잔뜩 받아 온 효린이는 오빠 몰래 하나씩 꺼내먹는 것을 좋아했다. 나는 초콜릿 봉투 옆에 있었다. 내 앞에 작은 밥상에서 창현이가 기름 범벅이 된 케톤식을 맛있다고 먹고 있었다. 효린이는 밥을 먹기 싫다며 점심을 먹지 않으려 했다. 거실에서 장난감을 가지고 놀던 효린이가 갑자기 나를 불렀다.

"엄마!"

"응? 왜?"

"나! 거기 초콜릿 줘!"

순간 그릇에 얼굴을 묻고 점심을 먹던 창현이가 고개를 들어 나를 바라보았다. 효린이가 말한 초콜릿이란 단어에 반사적으로 고개를 들어 나를 바라보았다. 자기도 무척 먹고 싶다는 간절함이 가득했다. 나는 얼른 손가락을 입에 갖다 댔다.

"안 돼! 초콜릿 없어!"

효린이의 입을 막기에는 거리가 멀고, 창현이는 먹이를 보고 입맛을 다시는 늑대인 양 이글거렸다. 급한 마음에 던져놓고 수신호를 했다. 방을 가리키며 가 있으면 가져다주겠다고. 그러니 제발 쉿! 해달라고. 온갖 손짓을 해대며 아이를 설득했다. 효린이는 입술을 삐죽거리더니 울먹이기 시작했다.

"엄마, 나한테 지금 소리 지른 거야? 엄마 나빠."

"아니. 효린아 그게 아니라……."

"엄마가 소리 질러서 나 기분 나빠. 엄마 나빠. 미워."

효린이는 기분이 상한 감정을 다 폭포수처럼 쏟아내고 방으로 뛰어들어가 버렸다. 뒷머리를 벅벅 긁었다. 아, 이게 아닌데. 고개를 떨구다가 창현이와 눈이 마주쳤다. '초콜릿이 없구나!' 하는 체념의 눈빛으로 다시 점심을 먹기 시작했다. 부스럭 소리가 나지 않게 조심스럽게 초콜릿 하나를 주먹 속에 꼭꼭 숨겼다.

"창현아, 엄마 효린이한테 잠깐 다녀올게."

"응."

별 관심 없다는 듯이 쩝쩝거리며 대답했다. 등 뒤로 손을 숨겨 창현이에게 들킬세라 조심스레 효린이가 있는 방으로 갔다. 똑똑. 슬며시 방문을 열어 보니 효린이가 침대 끝에 앉아 훌쩍거렸다.

"효린아아~"

"싫어. 엄마 싫어."

"효린아. 엄마가 소리 질러서 기분이 많이 나빴어?"

"엄마, 효린이한테 소리 지르면 어떻게 해! 효린이 기분이 많이 나쁘잖아."

또박또박 자신의 감정이 어땠는지 이야기하는 아이가 당혹스럽기도 하지만 한편으로는 대견하다는 아이러니한 생각을 하면서 어떻게 대답하면 좋을까 잠시 고민했다.

"음, 효린아. 오빠는 초콜릿 먹을 수 있어? 없어?"

"없어. 아파서 못 먹어."

"그런데 아까 오빠가 있는 자리에서 효린이가 큰 소리로 초콜릿을 달라고 그랬잖아. 그럼 오빠가 먹고 싶을까? 먹고 싶지 않을까?"

"먹고 싶어."

"오빠는 먹고 싶은데 못 먹으니까 기분이 어떨까?"

"속상해."

"응. 엄마는 효린이한테 초콜릿을 주지 않으려고 그랬던 게 아니야. 오빠가 초콜릿 이야기를 듣고 속상해할까 봐 걱정돼서 그랬어. 효린이를 얼른 말린다는 게 그만 목소리가 높아졌어."

"……."

"놀라게 해서 미안해. 그런데 정말 소리 지른 것은 아니었어."

"알았어. 다음부턴 소리 지르면 안 돼. 소리 지르면 효린이가 속상해."

"응. 미안해. 자, 여기 초콜릿. 오빠가 보면 또 먹고 싶을 테니까 다 먹고 나가자."

"응. 오빠는 지금 아파서 못 먹어. 보면 먹고 싶어서 마음이 아파. 다 먹고 가야 해."

우리 모녀에게 지독하게 걸렸던 구름이 걷히고 따뜻한 가을볕이 방으로 쏟아져 들어왔다. 효린이는 언제 울었냐는 듯 초콜릿을 입에 넣고 금세 싱글거렸다. 싱글거리는 효린이를 뒤로하고 창현이가 식사를 마쳤는지 확인하려고 문을 열었다.

"엄마."

효린이가 등 뒤에서 불렀다.

"응?"

"나도 미안해. 소리 질러서 미안해. 엄마 싫다고 해서 미안해."

부끄러운 듯 붉게 물든 작은 입술의 오물거림이 내 심장에 입맞춤했다. 이런 게 아이 키우는 짜릿함일까? 수줍은 아이를 꼭 끌어안았다. 아이의 마음과 내 마음이 입맞춤 한 듯 짜릿하게 만나는 이 순간이 얼마나 행복했는지 모른다. 다그치지 않아도 알려 주고 또 알려주면 마음과 마음이 입맞춤하는 이 짜릿한 순간이 온다.

"고마워. 고마워 우리 딸. 사랑해."

"엄마, 나도 많이 많이 사랑해."

엄마가 가!

효린이가 며칠째, 바지에 쉬를 하고 있었다. 변기에 쉬를 잘 가렸는데 최근에 계속 바지를 버리는 실수를 했다.

"누구나 실수할 수 있어. 괜찮아. 너무 걱정하지 마."

따뜻하게 달랬다. 스스로 느낌을 깨닫게 되기를 바라며 기다렸다. 한 번, 두번, 세 번 횟수가 증가하고 젖은 빨래가 늘어날수록 내 인내심도 한계에 다다른 듯했다. 서랍장에 있는 팬티들이 모두 세탁기에 들어갔다. 오늘도 어김없이 들려왔다.

"엄마, 바지에 쉬했어요."

선 사고 후 보고를 하는 효린이. 바로 달려가면 잔소리를 해댈 것 같아 잠시 제자리에 머물렀다. 가만히 아이를 바라보았다. 눈이 마주친 아이가 고개를 떨구며 말했다.

"엄마, 치워주세요. 바지 젖었어요. 씻어야겠다."

수건을 가져다가 건넸다. 아이는 고개를 돌리며 수건을 모른 척했다.

"바닥에 쉬한 것은 효린이가 치우도록 하자. 실수는 할 수 있지만 치우는 것은 효린이가 해야 할 것 같아."

"싫어! 엄마가 치워! 나 씻을래!"

방귀 뀐 놈이 더 성낸다고 되레 화를 내고 고집을 피웠다.

"효린아, 엄마는 효린이가 바지에 쉬한 것을 혼내려는 것이 아니야. 실수는 할 수 있어. 깨끗하게 치우면 되는 거야. 바닥 닦아 놓고 씻으러 가자."

바닥에 수건을 두고 멀찌감치 떨어졌다. 엄마의 눈치를 살피던 아이가 수건 위에 발을 닦고 바닥을 닦았다.

"엄마, 이제 씻으러 가자."

아이를 안고 화장실로 향했다. 화장실에서 옷을 벗기며 말했다.

"효린아, 이제 쉬하고 싶을 땐 어떻게 해야 하지?"

"변기에 쉬할 거야."

"그래, 이제 변기에 쉬하도록 하자. 효린이 계속 바지에 쉬하면 어린이집에서 동생반 가야겠다. 언니반 못하고 동생반 간다."

갑자기 아이 얼굴이 일그러졌다. 그렁그렁 눈물 맺힌 눈으로 소리쳤다.

"엄마, 너가 동생 반에 가! 난 언니 반 할 거야! 엄마 너가 가!"

농담 반 진담 반으로 던진 말에 기분이 나빴던 것 같다. 아이가 소리치고 윽박질렀다. 그런데 내가 놀랐던 것은 아이의 말투였다. 피곤하고 힘이 들 때 아이들에게 내가 했던 말투. "너가 가. 너가 해." 머리와 가슴에 새겨지고 아이의 입에서 튀어나오는 순간 나는 얼어버렸다.

아이가 책을 읽어 달라며 가져왔을 때, 너무 피곤해서 말했다.

"이 그림책은 아주 어린 아기들이 보는 건데. 이건 효린이가 읽을 수 있는 거야. 네가 읽어."

바지를 올리는 것을 도와 달라고 했을 때도 외출 준비를 하느라 정신없이 바빴던 나는 이렇게 대꾸했다.

"네가 좀 해! 이제 할 수 있잖아."

평소와 다른 말투.

"창현이가 한 번 해 볼래? 못해도 괜찮아. 스스로 해 보는 게 중요한 거야."

"효린이가 해 볼까? 역시 우리 효린이는 할 수 있어!"

평소에는 상냥하게 용기를 주고 격려했다. 피곤하고 힘들 때는 나도 모르게 함부로 말했다. 뱉어 놓고 몰랐다. 내가 지금 어떤 말을 하는지를. 내가 아이들에게 어떤 상처를 주고 있는지를. 아이의 입에서 흘러나왔을 때 뒤통수를 얻어맞은 것 같았다. 아이는 내 말을 고스란히 배웠다. 좋은 말투보다 나쁜 말투는 어쩜 그리 빨리도 배우는지.

'아! 화가 나고 짜증이 날 땐 엄마처럼 저렇게 말하는 거구나!'

아이의 머리와 가슴에 새겨진 못된 말을 들어가서 지울 수만 있다면 얼마나 좋을까! 나는 도대체 이 나쁜 말을 어디서 배웠을까? 외동딸로 컸던 나는 형제자매가 없었다. 아버지는 늘 말씀하셨다.

"형제자매가 없지만 사촌 동생이 많이 있잖니. 다 네 동생이다. 잘 챙겨주고 돌봐 주어야 한다."

사촌 형제가 모이는 자리에는 어른들이 나에게 종종 말했다.

"네가 언니가 되어서 모범을 보여야지. 네가 해야지 누구 보고 시켜? 네가 잘해야 동생들이 따라 배우지."

갑자기 동생들을 등에 매달고 있는 것 같았다. 어른들이 시키는 심부름을 했지만 잘하고 싶은 마음은 눈곱만큼도 없었다. 시키니까 할 수 없이 할뿐이었다. 어서 집에 가고 싶고, 숨을 데가 있으면 숨고 싶었다.

심부름을 끝마치고 나서 구석에서 조용히 잠을 청하거나 텔레비전을 보았다. 최대한 눈에 띄지 않으려 애썼다. 어서 모임이 끝나길 기다리면서.

아이가 내게 들었던 말도 나와 같은 심정이리라. 잘하고 싶은 마음은 추호도 없고, 반발심만 키웠을 것 같다. 충고랍시고 장황하게 늘어놓는 사람에게 하고 싶은 말은 '너나 잘해!' 한마디 던지고 싶은 것처럼. 아이에게 '너'라고 표현했던 단어 속에 아이를 존중하는 마음이 없었다. 엄마라는 권위를 담아 명령했다. 마치 '네 생각 따위는 상관없어. 너는 그냥 내가 시키는 대로만 해!'라고 명령하듯이. 화살은 다시 내게로 돌아왔다. 반감이 더해져 더욱 날카로워져서 돌아왔다.

'이제 어떡하면 좋지?

얼굴에 잔뜩 인상을 쓴 채로 반감을 표시하는 아이를 보며 무척 당황스러웠다. 아이의 날카로움을 어떻게 달래줄지, 아이에게 가르친 말을 어떻게 바로잡을 수 있을지 캄캄하고 아득했다.

"엄마가 미안해. 효린이가 싫어하는 말을 했지. 엄마는 장난으로 했던 말인데 실수한 것 같아. 효린이가 많이 속상했지. 엄마가 다음부터 조심할게."

아이는 일그러진 인상에 조금씩 힘을 뺐다. 부드러워진 낯빛으로 말했다.

"엄마, 나 동생반 가기 싫어. 언니반 가고 싶어."

"그래, 우리 효린이는 언니반 가야지. 내일 또 언니반 가자."

"응."

"근데 엄마."

"응?"

"미안해."

"뭐가?"

"이제 바지에 쉬 안 할게."

"정말?"

"응. 이제 바지에 쉬 안 하고, 변기에 쉬 할 거야."

"그래. 다음부터 변기에 쉬하면 되지. 우리 효린이는 아직 어려서 가끔 실수할 수 있어. 이렇게 말해줘서 고마워."

아이는 밝은 표정으로 내 품에 안겼다. 아마도 아이에게 새겨진 말을 고치기는 쉽지 않을 것 같다. 아이는 짜증 나고 화가 날 때는 거침없이 쓸 것이다. 엄마가 썼기 때문에 틀렸다고 생각하지 않을 것이다.

'아! 어떻게 하면 좋을까. 내게서 배웠다면 수정하는 것도 내게서 배울 수 있지 않을까? 내가 아이들에게 고운 말과 존중이 담긴 말을 표현한다면 언젠가 아이들의 말도 고쳐질 거야.'

따뜻한 물로 효린이를 깨끗하게 씻겼다. 어느새 아이는 다시 장난기 가득한 얼굴로 물장난을 쳤다. 아이의 얼굴은 얼음을 깨고 졸졸 흐르는 계곡물보다 맑았다. 맑고 깨끗한 아이에게 던진 진흙을 씻겨 주고 싶었다. 보드라운 얼굴을 가만히 씻겨 주며 말했다.

"엄마가 앞으로는 부드럽고 예쁘게 말할게. 우리 효린이가 상처받지 않게. 나쁜 말, 화가 나는 말, 슬픈 말은 쓰지 않을게. 엄마는 효린이를 정말 사랑해."

"엄마, 괜찮아."

효린이는 작은 입술을 앞으로 내밀었다. 내 얼굴에 고운 입술 도장을 여기저기 찍어댔다.

"엄마. 사랑해."

엄마 보고 싶다고 울었어!

아이들 저녁을 준비하고 있었다. 효린이는 내 옆에서 양푼이며 국자며 이것 저것 주방용품을 꺼내 요리를 하는 시늉을 했다.

"엄마, 내가 맛있는 요리 해 줄게. 잠깐만 기다려봐."

"응. 맛있는 요리해 주세요."

입으로 달그락달그락 소리를 내며 맛깔나게 요리하는 시늉을 했다.

"자. 맛있는 요리가 완성됐습니다. 엄마 냠냠 먹어야지~"

빈 국자를 내밀며 착한 사람에게만 보인다는 맛있는 요리를 내밀었다.

"후루룩. 와~ 맛있다. 요리사님, 또 맛있는 요리 해 주세요."

과장된 액션에 아이는 넘어갈 듯 까르르 웃으며 손사래를 쳤다.

"기다리세요. 맛있는 요리 해 줄게요."

효린이가 요리하는 시늉을 하는 동안 얼른 칼질했다. 다다다다 시원한 도마

소리와 함께 내 부엌은 보글보글 사랑이 끓어 넘쳤다. 오랜만에 찾아온 감사한 일상에 기쁨을 만끽했다. 한창 달그락거리던 효린이가 시무룩한 목소리로 불렀다.

"어, 엄마."

요리에 정신이 팔려 시선은 요리에 둔 채로 대답만 했다.

"응. 왜 그래?"

"나 사실……. 외할머니 집에서 기다릴 때, 엄마 보고 싶다고 엉엉 울었어."

맛깔나게 움직이던 내 손이 순간 멈췄다. 황당한 표정으로 효린이를 바라보았다.

"그랬었어?"

"응. 엄마 기다릴 때, 엄마가 보고 싶어서 이렇게 잉잉 울었어."

손으로 우는 시늉을 보이며 울었다고 했다. 즐겁게 요리하다가 갑자기 벌어진 상황에 당황스러웠다. 아이의 눈이 정말 슬퍼 보였다. 4살짜리 꼬마는 마음속으로 생각했을 것이다.

'엄마는 오빠를 간호해야 해서 병원에 갔어. 내가 떼쓰면 안 돼. 엄마가 올 때까지 기다려야 해.'

네 살배기 꼬마에게 엄마 없는 설움은 메마른 사막에서 물을 찾는 그것과 비슷할까. 엄마가 보고 싶은 마음을 억누르고 억누르다 눈물이 터졌을 것이다. 엄마와 다시 재회하고 난 후 마음속 깊은 서랍에 넣어 두었는데 자신도 모르게 불쑥 튀어나왔으리라. 마음속에 숨겨 둔 진실한 마음을 표현해주어 감사했다. 그저 잘 기다리고 있다고만 생각했지 아이의 마음을 깊이 있게 헤아려 주지 못했다.

"효린아, 엄마가 병원 가 있는 동안 엄마 많이 보고 싶었어?"

"응. 많이 많이 보고 싶었어. 그런데 효린이 잘 기다리고 있었어."

"그래, 잘 기다려 줘서 정말 고마워. 효린이 덕분에 오빠가 치료 무사히 잘 하고 왔어."

"정말?"

"응. 그래도 많이 보고 싶고, 속상했지? 우리 효린이."

"많이 많이 보고 싶어서 이렇게 잉잉잉 울었어."

효린이를 꼭 안았다. 창현이가 아파서 고생하는 것도 효린이가 엄마를 그리워하며 울게 된 것도 모두 내 잘못 같았다.

"엄마가 미안해. 엄마가 미안해."

"괜찮아. 엄마 사랑해."

겉으로 괜찮다, 괜찮다 했던 꼬마 어른은 그립고 속상한 마음을 속으로 삼킬 뿐 내색하지 않았다. 차라리 '엄마, 보고 싶어. 얼른 빨리 와. 엄마, 가지마.' 하며 울고불고 매달린다면 마음이 이렇게 아리진 않을 텐데. 엄마를 힘들게 하지 않으려고 삼키고 삼키다 흘러나온 아이의 감정은 내 심장에 가시가 박힌 것처럼 따끔거렸다. 어깨에 두른 우리 두 사람의 팔은 절대 떨어지지 않으려는 듯 더 꽉 안았다.

며칠 뒤, 친정엄마가 음식을 바리바리 싸 들고 찾아오셨다. 음식을 정리하며 엄마에게 효린이가 내게 했던 이야기를 털어놓았다. 엄마는 그제야 이해가 된다는 듯 숨겨진 비화를 얘기해 주셨다.

"듣고 보니 이해가 되네. 네가 오기 전날쯤인가. 어린이집 마치는 시간에 데리러 갔더니 효린이가 그러대. '할머니, 이제 우리 집에 가는 거야?' '아니, 할머니 집에 가야지.' 그 때부터 우리 집까지 가는 길에 노상 좋알대던 녀석이 말수도 별로 없고……. 집에 가니까 손님이 와 있어서 내가 안아 주었더니 그때부터 엄마 보고 싶다고 울고불고……. 달래느라 애 좀 먹었다. 헤어진 지 일주일이 되니 애가 이쯤 되면 집에 가겠지 생각한 모양이야. 아니면 선생님이 엄마 온다고 그랬는지 모르겠는데 이제 집에 가는 줄 알았나 보더라. 근데 집에 안 가고 우리 집에 간다고 하니까 엄마도 보고 싶고 서러워서 눈물이 터졌는가 보다. 어휴, 저 어린 게 벌써 엄마랑 떨어져서 얼마나 보고 싶었겠어? 그래도 잘 놀고 잘 먹고 하는 거 보면 안쓰럽기도 하고 마음이 아프다. 그래서 우리는 지 하자는 대로 다 맞춰 주고 그러고 있다."

엄마가 얼마나 보고 싶었을까. 효린이가 우는 모습이 눈에 선했다. 서러움과 그리움에 복받쳐 터진 울음을 참았다는 이야기가 더 가슴 아팠다. 계속 울 수는 없는 노릇이기에 마음의 서랍을 열어 서러움과 그리움을 넣어 두었으리라.

효린이의 모습은 꼭 내 모습을 닮았다.

어린 시절 부모님이 급한 일로 작은 고모 댁에 나를 하룻밤 맡겼다. 낮에는 사촌 언니들과 인형 놀이며 장난감을 가지고 신나게 놀았다. 밤이 되자 언니들은 피곤했는지 먼저 잤다.

'댕~ 댕~ 댕~'

커다란 괘종시계 소리가 정각마다 울리는 소리는 내 심장을 요동치게 했다. 창가에 앉아 있는 못난이 인형 세 자매는 무서운 처키 같았다. 낮에 그렇게 가지고 놀았던 인형이건만 밤에 보는 세 자매는 영화에서 나올 법한 저주 품은 인형 같았다. 불 하나 켜져 있지 않았다. 적막한 공기에 적응이 되려고 하면 괘종소리가 내 심장을 두드렸다.

'무서워. 엄마 보고 싶어.'

늦은 밤까지 두근거리는 심장과 무서운 괘종시계 소리를 견뎌야 했다. 참고 참다 울음이 터졌다. 건넛방에서 주무시던 고모가 달려와 안았다. 아무리 달래도 내 울음은 그쳐질 기미가 없었다. 고모의 부드러운 분홍빛 실크 잠옷은 내 눈물로 축축하게 젖어 들었다. 내가 우는 동안에도 괘종시계 소리는 무심하게 울려댔고 나는 두려움에 더 크게 울었다. 다정하게 달래주던 고모부도 인내심에 한계가 오자 화를 내며 말했다.

"가! 너희 집에 가! 울지 말고 가!"

나는 정말 고모부의 손에 이끌려 축축한 공기가 내려앉은 밤, 좁은 골목으로 쫓겨났다. 공기에 눌려 나는 소리 없는 울음만 토했다. 순간순간 숨넘어가는 소리가 꺼이꺼이 나왔지만 무서움에 그것마저 꾸역꾸역 삼켰다. 고모부가 들어가고 나자 고모가 뛰어나와 나를 안아 집으로 들어갔다. 고모는 나를 품에 안고 토닥이며 재웠다. 은은하게 자장가를 불러주며 괘종시계 소리로부터 지켜 줬다. 못난이 인형이 노려보지 못하게 보드라운 품속으로 깊이 끌어안았다. 보드라운 실크 감촉이 나를 편안하게 감쌌다. 나는 고모 품에서 편안하게 잤다. 훗날 고모와 고모부가 있는 자리에서 그때 이야기가 나왔다. 고모는 어렴풋이 기억이 난다고 했지만 정작 나를 쫓아낸 고모부는 기억하지 못했다. 내 가슴에는 선명히 남은 그때의 장면이 다른 사람에게는 희미하게 남거나 잊혔다. 내 마음은 어떤 마음이었을까? 엄마가 내일 오지 않을 것 같았다. 엄마가 그리웠다. 엄마의 자장가 소리와 따뜻한 엄마의 품, 엄마의 손길이 그리웠다. 하지만 나를 두드리는 소리는 무서운 괘종시계 소리와 어둠, 노려보는 무서운 인형이었다. 마음속에 가득 찬 두려움이 주변의 것들을 두려운 흉물로 만들어 버렸다.

효린이도 나와 비슷한 감정이지 않았을까. 엄마가 너무 그립고, 집이 그리웠을 것이다. 잠자리에서 엄마가 읽어주는 그림책이 그리웠을 테고, 푸근한 엄마 냄새가 그리웠을 것이다. 엄마의 자취가 몸 안에서 점점 빠져나가고 그리움이 커지기 시작하면서 감정도 요동쳤으리라. 꾹꾹 누르고 누르는 마음은 그리움을 더 크게 만든다. 효린이가 얼마나 힘들었을까.

그날 밤, 잠자기 전 아이를 가만히 안았다.

"효린아, 엄마는 효린이랑 함께 할 수 있는 지금 이 순간이 정말 행복해."

"정말? 엄마 기분이 좋아?"

"그럼, 엄마 딸로 태어나줘서 정말 고마워. 엄마에게 와 줘서 감사해. 사랑해. 축복해."

아이가 간지러워 자지러질 때까지 구석구석 뽀뽀를 했다. 아이는 간지럽다고 까르르 웃으면서 더 뽀뽀해 달라며 엉덩이를 내밀고 발가락을 내밀었다.

"효린아 사랑해."

"엄마, 나도 많이 많이 사랑해요."

엄마아아~

"엄마아아~~ 화장실 가고 싶단 말이야~~"

효린이가 징징거리며 나를 재촉했다. 달궈진 프라이팬에서 채소를 볶는데 바지를 끌어 잡았다. 아이는 도와 달라며 연신 짜증을 냈다.

"효린아, 엄마는 짜증 내지 않아도 도와줄 수 있어. 이렇게 짜증을 내면 엄마도 효린이를 도와주고 싶지 않아. 좀 더 상냥하고 정중하게 부탁해줄래?"

아이는 아랑곳하지 않고 여전히 짜증을 부렸다.

"엄마는 상냥하게 부탁하지 않으면 들어주지 않을 거야."

내 시선은 프라이팬을 볶았다. 아이는 내 바지를 끌어당기며 연신 볶아댔다. 마치 합일점을 찾지 못하는 평행선처럼 팽팽하게 맞섰다.

"엄마, 쉬했어."

참다못한 아이가 오줌을 쌌다. 가스 불을 껐다. 입을 꼭 닫고 수건을 가져왔다.

"엄마, 죄송해요. 미안해요."

눈물을 글썽이며 어느새 짜증 내던 아이는 울먹였다.

"괜찮아. 엄마가 도와주지 않아서 그런 것도 있는걸. 미안해."

우리의 대화는 어디에서 잘못된 걸까. 아이는 느닷없이 뛰어와 짜증을 내면서 말했다. 상냥하게 이야기할 수 있을 텐데 왜 들들 볶지 못해 안달했을까. 아이에게 상냥하게 부탁할 것을 일러주고 도와주면 될 것을 왜 평행선을 달리며 고집했을까. 우리 둘은 서로의 고집을 꺾지 않았다. 결국, 효린이는 그대로 서서 쉬를 했다. 생각해 보면 효린이는 짜증을 낼 때가 많았다. 처음엔 상냥하게 이야기하는 법을 모르는 게 아닐까 생각했다. 그러던 어느 날 아이가 뭔가를 부탁했다.

"엄마, 선반 위에 바구니를 좀 내려주세요. 엄마, 웃으면서 말하니까 예뻐?"

아이는 두 볼에 손가락을 갖다 대며 귀여운 포즈로 부탁했다.

"효린아, 웃으면서 상냥하게 부탁하니 엄마가 얼른 들어주고 싶은걸. 엄마가 정말 정말 기분이 좋아."

이렇게 예쁜 짓을 하다가도 별다른 일이 없는데도 뭔가 기분이 뒤틀리는 날이면 어김없이 짜증을 냈다. 나로선 뭔가 특별한 일이라도 있었다면 모를까. 무턱대고 달려와 짜증을 내니 당황스러웠다. 좋았던 내 기분까지 함께 망가져 버렸다. 상냥함과 짜증 사이에서 우리 모녀는 늘 팽팽하게 자신의 주장을 고집했다.

'팽팽하게 대립한다는 자체가 내 수준이 아이 수준과 같구나!'

어른이라면 아이가 흥분하건, 짜증을 내건, 화를 내건 초연하게 안아주고 달래주고 가르쳐줄 수 있어야 한다. 나는 아이의 기분을 고스란히 받아 전염됐다. 4살짜리 여자아이 둘의 싸움이지 어른과 아이의 대화가 아니었다. 나도 처음 몇 번은 상냥하게 대꾸했다. 밝은 얼굴로 부탁하면 좋겠다고. 웃으면서 이야기하면 좋겠다고. 상냥하게 대하면 좋겠다고. 한 번, 두 번, 세 번……. 횟수가 늘어갈수록 목소리는 점점 낮아졌다. 깊은 동굴에서 이야기하듯이 차갑기만 했다. 내 목소리가 잦아들고 냉랭해질수록 아이의 생떼는 더욱 거세졌다. 폭풍우가 몰아치는 바다 한가운데서 방향키를 잡고 서로 배를 몰겠다고 다투는 꼴이란. 방향을 잃은 배는 그저 거센 폭풍우에 휘둘릴 뿐. 아이와의 대화에 변화가 필요한 시점이 왔다. 우선 먼저 내가 고집 피운 이유를 돌아봤다. 내 나름의 인내심을 최대한 발휘해서 상냥하게 배려했건만 돌아오는 것은 생떼와 고집뿐이었다. 아이가 내 말을 전혀 듣고 있지 않다는 사실에 나는 왠지 모를 분노를 느꼈다. 내 목소리는 감정을 반영해 점점 잦아들고 냉랭해졌다. 아이의 태도가 어떻든 나는 감정의 동요 없이 차분하고 상냥하게 대답해야 하는 게 아닌가? 아이에게 고집을 피운다고 생각했지만, 아이가 피우는 짜증과 고집은 어딘가 모르게 나를 닮았다는 결과를 얻었다. 내 뜻이 관철될 때 차가워진 목소리를 아이가 따라 배웠을 뿐이라는 것. 생각이 여기까지 미치자 아이의 입장이 이해가 되기 시작했다.

'효린이도 처음엔 상냥하게 부탁했겠지. 엄마는 바쁘고, 부탁을 거절당할 때가 생기자 점점 힘이 실리기 시작했을 거고. 어느새 부탁할 땐 짜증으로 변했을 거야.'

나는 짜증을 내고 냉랭한 목소리로 무서운 분위기를 조성했으면서 아이에게 상냥하고 다정한 말투를 강요했다는 것이 수치스러울 정도로 부끄러웠다. 아이는 엄마가 이해되지 않았을 것이다.

'엄마는 매번 짜증 내면서!'

다음 날 아침 라디오에서 깊이 공감되는 조언을 들었다.

"잘하면 아이겠습니까? 실수도 하고 잘하지 못하기 때문에 아이입니다. 열 번? 스무 번? 아니 백 번, 천 번이라도 얘기하고 또 얘기하고, 가르치고 또 가르쳐야 합니다. 엄마의 말이 아이 마음속에서 스스로 되살아나 행동을 고칠 수 있을 때까지요. 대신에 몇 번을 반복하더라도 상냥하고 친절하게 가르쳐 줘야 합니다. 수치심이 들게 가르쳐서는 곤란해요."

고작 몇 번 가르쳤다고 아이에게 짜증을 냈던 건지. 효린이의 말투가 문제가 아니라 내 말투가 문제였다. 아이의 행동은 내 행동이고, 집에서 비치는 내 모습 중 하나였다. 속상했을 아이의 마음을 생각하니 손에서 식은땀이 흘렀다. 기어이 눈물 한 방울을 눈 끝에 달고 어린이집에 등원한 아이에게 얼마나 미안하던지.

그날은 어린이집 문을 열고 들어가면서 목소리를 평소보다 한 옥타브 높여 아이를 불렀다.

"효린~~아아."

아이는 내 목소리를 듣고 달려 나왔다.

"엄마~ 보고 싶었어~ 얼마나 걱정했다고."

"그랬어? 엄마도 효린이 많이 많이 보고 싶었어. 사랑해."

"나도 사랑해 엄마."

뒤따라 나온 선생님 앞에서 우리는 한참을 껴안고 닭살 돋는 애정 행각을 벌였다. 차를 타고 집에 오는 길에 효린이가 기분이 좋은지 연신 콧노래를 흥얼거렸다.

"즐겁게 춤을 추다가~ 엄마 잘하지?"

새끼 참새가 처음으로 목을 틔우는 것처럼 어눌하지만 맑고 깨끗한 목소리였다. 재잘거리는 소리를 방해하는 소음을 일제히 껐다. 아이도 나도 오랜만에 나누는 밝은 대화에 기분이 좋았다. 우리의 목소리는 연신 깔깔거리고 재잘거렸다.

"엄마, 저기 구름 좀 봐. 악어 닮지 않았어?"

"어디? 어디? 와, 정말 악어 닮았네."

"엄마, 안전벨트는 꼭 해야 하지? 안 하면 차가 꽝 부딪쳐서 다칠 수 있어."

"엄마, '장갑' 노래 틀어주세요~"

"엄마 엄마, 저기 까만 새가 날아가. 하나, 둘, 넷, 다섯……. 와, 새가 많이 날아가네."

앞뒤도 없고, 보이는 대로 쏟아 놓는 아이의 사탕 같은 말이 내 입까지 달달하게 적셨다. 소크라테스가 '너 자신을 알라'라고 일침을 놓았던 것처럼 나를 먼저 알았어야 했는데 애꿎은 애만 탓했다. 그 후로 우리 모녀의 대화법은 달라졌을까? 손바닥을 뒤집듯 딱 변하면 좋겠지만 손바닥을 뒤집지는 못했다. 다만 효린이가 짜증을 낼 때 나의 태도가 바뀌었다.

"엄마~ 빨리 밥 주세요~ 배고파요. 어서요."

늦게까지 논다고 정신이 팔렸던 효린이가 식탁을 두드리며 짜증을 냈다. 예전 같았으면 이렇게 말했겠지.

"엄마가 빨리 주려면 기다려야지. 이렇게 재촉하면 엄마가 어떻게 빨리 밥을 줄 수 있겠어!"

일찍 줄 수 없다고 핑계만 늘어놓기 바빴다. 되려 아이에게 말했다.

"왜 짜증을 내니. 좀 상냥하게 이야기할 수 없어?"

이제 나도 제법 여유가 생겼는지 조금 다르게 반응하기 시작했다.

"엄마, 빨리 밥 주세요~ 주세요~ 빨리 줘요!"

"효린아 배가 많이 고파?"

"응. 배 많이 고파."

"그랬구나. 조금만 참아줄래? 엄마가 얼른 맛있는 요리를 해 줄게."

그리고 이야기가 끝나면 따뜻하게 안아줬다.

'괜찮다. 괜찮다. 화내지 않고 충분히 이야기할 수 있다.'

예전이라면 아마 아이에게 하는 이야기다. 화내지 않고 이야기할 수 있다고. 화내지 말고 이야기하라고. 나는 전혀 곱지 않은 말투로 이야기하면서. 이제 행동과 다른 말이 아무런 도움이 되지 않는다는 것을 안다. 바깥으로 튀어나가려는 내 말투를 붙잡고 조금씩 다듬는다. 연금술사가 되어. 아이가 엄마를 재차 시험하는 듯 계속 짜증을 내더라도 올라오는 불을 다듬고 다듬어 입 밖으로 내보낸다. 시간이 지나면 언젠가는 좋아지겠지. 의식적으로 다듬기 위해 애를 쓰는 엄마의 노력을. 언젠가 알아채겠지. 고집부리지 않아도 엄마는 나를 돕는다는 사실을. 엄마가 무척 아끼고 사랑한다는 것을. 언젠가 알아챌 그 날을 기다리며 나는 백 번이고 천 번이고 알려 주련다. 몸으로, 상냥한 말투로. 너를 정말 사랑하니까.

'효린아, 엄마는 너를 진심으로 사랑한단다. 우리 그만 사이좋게 지내보지 않겠니?'

응가가 좋아!

"엄마, 나 방구 뀌었어. 방구."

뿅 하는 소리와 함께 환한 얼굴로 효린이가 말했다.

"엄마, '아유 냄새나' 해봐~"

"아유, 우리 딸 방귀 냄새~"

효린이가 까르르 웃으며 뒤로 넘어갔다. 아이를 기르면서 알게 된 사실 하나! 아이들은 똥, 방귀를 좋아한다. 오죽하면 뽀로로가 아이들의 대통령이면 국무총리가 방귀 대장 뿡뿡이일까. 뿡뿡이가 뀌는 변신 방귀에 아이들은 깔깔거리며 흠뻑 취한다. 어른들로서는 도무지 이해가 되지 않는 마음이지만 아이들은 방귀나 똥이 재미있는 화젯거리다. 전집에서도 꼭 한 권씩은 방귀나 똥 이야기가 등장한다. 책장에 있는 책 중에서 '누가 내 머리에 똥 쌌어.' '아이, 똥차' '냠냠 뽀옹 뿌지직' '방귀쟁이 며느리'는 귀퉁이가 닳고 표지가 너덜거리는데도 우리 아이들에게 사랑받는 스테디셀러다.

"엄마, 이거 읽어 줘."

아이는 비둘기가 뿌지직하며 떨어뜨리는 하얀 물똥에 고개를 절래 흔들었다. 염소가 누는 까만 새알 초콜릿 같은 똥을 보며 연신 깔깔거렸다. 한 번은 어찌나 똥을 좋아하는지 닳은 스타킹에 솜을 채워 넣고 묶어서 똥을 만들어 줬다. 엉덩이에다 대고 힘을 주는 시늉을 하며 스타킹 똥을 보여주면 아이들은 바닥에 쓰러졌다. 아이 눈가에 눈물이 맺힐 정도로. 스케치북에 그림을 그려도 꼭 등장하는 녀석이 똥이었다.

"엄마, 이거 봐봐. 이거 똥이야 똥! 효린이 똥."

클레이를 갖고 놀 때도 대충 길쭉하게 주물러서 똥을 만들고 놀았다. 한 번은 아이가 변기에서 똥을 누고 있었다.

"엄마, 다 했어요. 나 엉덩이 지저분해서 씻어야 할 것 같아."

아이를 안아 엉덩이를 씻겼다.

"엄마, 나 똥 네 개 쌌어. 한 개, 두 개, 세 개······."

지나가던 남편이 변기에 그대로 있는 똥을 보고 물을 내렸다. 잠시 2, 3초간 침묵이 흘렀다. 샤워기 물이 뚝 끊어짐과 동시에 효린이가 펑펑 울었다.

"내가 할 건데. 내 똥인데······. 인사해야 하는데. 내 건데. 내가 할 건데. 엉엉. 아빠 못난이야."

평소에 아이는 똥이 살아 있는 것처럼 대했다. 배변 훈련을 할 때 똥에 친숙해지길 바라는 마음으로 인사하던 버릇이 계속 이어져 왔다.

"응가야, 잘 가. 내일 또 만나."

인사하며 물 내리는 것을 큰 기쁨으로 느꼈다. 무심결에 날려버린 소중한 기회는 아이의 마음에 큰 상처가 되었나 보다. 얼마나 울었던지 온몸이 땀에 젖어 옷이 붙어버렸다. 변기에 주저앉아 발버둥을 치면서 한참을 꺽꺽거리며 울

어땠다.

"효린아, 아빠가 미안해. 다음에 안 그럴게. 인제 그만 울고 들어가자. 응?"

어르고 달래고 아이는 그칠 줄 몰랐다. 남편과 나는 달래고 달래다 두 손 두 발을 들었다.

"아니, 그게 저렇게 통곡하고 울 일이야?"

남편과 나는 서로 마주 보며 어쩔 도리가 없다는 듯 고개를 흔들었다. 오랫동안 변기에서 눈물 바다를 만든 탓에 엉덩이에 빨간 도장이 남았다. 빨간 도장이 깊게 팬 후에야 방으로 돌아왔다.

"아빠가 내렸어! 내가 할 건데. 효린이가 할 건데. 너무너무 속상해."

아이는 자기가 좋아하고 사랑하는 것을 아빠가 빼앗았다고 생각했다.

"그랬어, 효린이가 하고 싶은데 아빠가 물 내려서 많이 속상했구나. 다음에는 효린이가 하자. 아빠는 도와주려고 그랬어. 정말 미안해."

이번 계기로 아이가 느끼는 똥의 의미에 대해 생각했다. 우스꽝스럽지만 아이를 이해하고 소통하는데 중요한 소재라는 발견을 했기에. 대체 어떤 의미일까? 얼마나 즐거우면 저렇게 기뻐할까? 나는 똥을 어떻게 생각하고 있을까? 어떤 의미를 부여하고 있지? 똥 생각에 빠져 있다 보니 똥이 괴로워진 시점이 그려졌다.

어떤 엄마도 마찬가지겠지만 아이를 낳고 나면 화장실 독립이 간절하다. 홀로 화장실을 다녀오는 것은 엄두도 낼 수 없다. 엄마 껌딱지인 아이들은 화장실이고 뭐고 가리지 않는다. 기어서 찾아오고, 보행기 타고 찾아오고, 아기 띠에 안겨 찾아온다. 반면 나는 누가 보고 있으면 시원하게 화장실을 다녀오지 못한다. 오죽하면 학창시절에도 친구들이 눈치채지 않을까 하는 걱정에 쉽사리 화장실을 이용하지 못했다. 그런 내가 벌컥벌컥 문을 여는 아이들. 열지 않으면 눈물로 농성하는 아이들을 키우며 제대로 화장실이나 갈 수 있었겠는가! 심한 변비에 시달렸다. 신호가 와서 앉았으나 뒤따라 달려오는 아이들의 시선으로 움츠러들어야만 했다.

"엄마, 뭐해?"

"창현아, 엄마 문 좀 닫아주면 안 돼? 엄마 얼른 나갈게."

문이라도 닫으면 문밖에서 울고불고 난리가 났다. 문을 열면 내 무릎 위에 와서 앉는다. 그것도 아니면 옆에 있는 목욕탕 의자에 앉아 내 얼굴을 빤히 쳐다보며 생글거렸다. 터널을 빠져나오던 그것들은 다시 컴컴한 터널 속으로 들어가 버리고 말았다. 아아! 그리운 임이여! 변비에 시달리다 시달리다 할 수 없이 효린이는 등에 업고 무릎에는 창현이를 앉히고 겨우 조금 며칠째 만나지 못한 임의 뒤통수만 만난 적도 있다.

'아! 제발 혼자서 화장실 편하게 가고 싶다.'

노상 배는 꾸룩꾸룩하다. 화장실을 가도 가지 않아도 불편했다. 화장실 가는 것이 고통스럽고, 신호가 오는 것이 두렵기까지 했다. 끝내 밤새 복통에 시달리다 응급실을 찾았다. 맹장염이라도 걸렸나 싶었지만 임과 임의 가스가…… 더 이상 언급하기도 부끄럽다. 관장은 또 어떻고. 흑흑. 아이를 낳고 내게 똥은 두려움 그 자체였다. 부끄럽고 숨기고 싶었다. 홀로 독립된 공간에서 편안해지고 싶었지만 불가능했다.

그런데 녀석들은 문을 활짝 연다. 어디 가지 말라고 신신당부를 하며 지켜보라고 한다. 히죽 웃으면서. 입술이 씰룩거리면 퐁당 하고 떨어지는 소리. 엄마와 눈 맞춤을 하면서 온 신경을 집중하는 아이의 표정이란 정말. 배변 훈련을 할 당시 육아서에서 읽은 것 중 하나가 아이들은 똥이 몸에서 나오는 것이 신기한 경험이며, 시원한 경험으로 느낀다고 한다. 오히려 자신의 변을 자랑스러

위한단다. 아이의 자신감이 부러워지는 순간. 난 왜 그토록 숨기고 부끄러워했을까. 앞서 잠깐 언급했지만, 학창 시절에도 집에서 나가면 똥이 마려울까 걱정한 적이 참 많았다. 혹시나 내가 나오고 나서 누군가 불쾌하게 여기지는 않을까, 나를 욕하지 않을까 하는 마음을 가졌다. 참고 참다 보니 잦은 변비를 경험했다. 집에 다와 갈 무렵 급하게 찾아오는 신호로 집까지 가는 길이 고행길이 된 적이 많다. 자신 있게 다녀오는 친구들을 보면 부럽기까지 했으니.

그런데 아이들은 달랐다. 배가 아프고 화장실에 가서 볼일을 보는 것은 아이들에게 자연스러운 일일뿐. 아이와 마음으로 소통하기 위해서는 내 마음속에 가지고 있는 지나친 수치감부터 내려놓을 필요가 있다. 소중한 내 신체의 일부로 여기는 아이의 마음을 닮아야겠다고 생각했다. 생각이 여기까지 미치니 효린이가 그렇게 슬퍼하며 안타까워했던 것도 조금씩 이해가 됐다. 그동안은 똥하나로 그렇게까지 울 일인지, 그렇게까지 좋은지, 그렇게까지 즐거운지 공감이 잘 안 되었다. 똥 이야기를 읽어주면서도 하고 많은 책 중에 왜 하필 똥 이야기를 가져올까 싶기도 했다. 똥 싸는 모습이 뭐가 그리 즐겁다고 흉내 내고 그리고 만드는지 이해가 잘되지 않았다. 마음속으로 똥 이야기는 그만 읽자 했다. 편견으로 가득 차 감정이입이 잘되지 않았다.

"엄마, '누가 내 머리에 똥 쌌어?' 읽어줘."

지나친 수치감을 버리고 좀 더 열린 눈빛으로 기쁘게 책을 읽기 시작했다. 이제까지는 썩 내키지 않는 마음으로 읽어서 그런지 그림도 글도 내게 어떤 즐거움을 주지 못했다. 마음을 열고 다시 읽는 그림책 속엔 정말 재미있는 것들이 많았다. 염소의 똥은 초콜릿 같고, 토끼의 똥은 까만 콩과 같았다. 돼지의 똥은 두더지가 생각했던 것처럼 피하고 싶을 만큼 냄새가 심한 물똥이고, 말똥은 커다란 사과 같았다. 두더지 머리 위에 떨어진 긴 소시지 같은 똥은 정육점 집

개 한스의 똥이었다. 모양이 같은 똥이 하나도 없고, 흥미로웠다. 아이들은 서로 다른 똥이 신기해했다.

"엄마, 이건 사과 모양이야. 엄마, 이건 동그래. 엄마, 이건 하얀 똥이네."

그림을 보는 내내 아이들에게 똥은 지저분하고 피하고 싶은 것이 아니라 즐거움이고 상상의 나래를 펼치는 고마운 도구였다. 머리 위에 떨어진 똥의 주인을 찾아다니는 우스꽝스러운 두더지를 보며 깔깔거리기도 했다.

"토끼 똥이 아니야! 한스의 똥이라고!"

"그건 모양이 다르잖아!"

책장을 넘기기에 바빴던 책을 그렇게 오래 읽은 것이 처음이었다.

"와, 정말이네. 이 똥은 정말 크다. 토끼 똥은 정말 까만 콩처럼 생겼네?"

"엄마, 엄마, 내 똥은 훨씬 커. 난 오늘 네 개 쌌어~"

중간중간 나의 감탄사에 아이들은 더욱 신바람이 나서 책에 파고들었다. 동물원에 가서 동물마다 생김새가 다른 똥 모양을 일부러 비교해 보기도 했다.

'아! 아이들과 소통하는 것은 정말 특별한 것이 아니구나. 내가 편견을 버리고 마음을 열고 다가가기만 해도 아이들은 이렇게나 즐거워하는데. 색안경을 쓰고 보는 내 마음을 먼저 내려놓아야 하는구나!'

아이들과 똥에 빠져들어 소통하기 시작하면서 소재가 한층 넓어지고 유쾌해졌다. 책을 읽다 잠이 든 아이들을 바라보며 내 얼굴에도 흐뭇한 미소가 피어올랐다.

'얘들아, 엄마를 또 한 번 성장시켜줘서 고마워. 사랑해.'

달순아, 사랑해

"이게 뭐야?"

"응, 상자 버리러 갔다가. 비가 와서 그런지 달팽이가 나왔더라고. 애들 보여 주려고."

재활용 상자를 내러 나갔던 남편이 손바닥에 달팽이를 데려왔다. 등껍질이 조그맣고 더듬이가 작은 것이 꼭 효린이를 닮았다.

"얘들아! 아빠가 달팽이를 데려왔어."

장난감 방에서 블록을 만들고 있던 창현이와 거실 귀퉁이에서 스티커 놀이를 하던 효린이가 동시에 빛의 속도로 아빠에게 달려왔다.

"아빠, 뭐에요?"

"달팽이요?"

"와, 작다."

"이거 뭐에요? 집이에요?"

아이들이 속사포로 던지는 질문에 아빠는 대꾸하느라 정신이 없다. 연신 아이들의 감탄사가 들려왔다. 작은 생명 하나가 이렇게 활기를 가져다주다니! 그저 놀라웠다. 내 마음도 어린 시절 마당에서 꼬물꼬물 기어가던 달팽이를 보던 때로 돌아갔다. 아이들에게 구경시켜 주려던 마음에 모셔온 달팽이는 인기스타였다. 작은 유리병을 찾았다. 아이들과 나뭇잎을 담았다. 먹이로 양상추를 깔았다. 갑작스레 삶의 터전이 바뀐 달팽이에게 미안한 마음이 들었지만, 아이들이 너무 좋아하는 통에 며칠간 키우기로 했다.

"얘들아, 우리 달팽이 이름 지어 줄까? 우리 가족이니까 달팽이 이름 지어 주는 게 어때?"

"음, 좋아! 엄마, 달팽이 이름은 뭐로 해? 달팽이?"

두 눈을 끔벅이며 고개를 갸우뚱하는 아이들의 모습이 무척 간지러웠다.

"음, 너희가 특별하게 생각나는 게 없으면……. 엄마가 한 번 지어 볼까? 달순이 어때?"

두 눈을 반짝이던 효린이가 손뼉을 치며 말했다.

"엄마, 달순이 좋아. 달순아~ 달순아~ 어? 달순이 어디 갔지? 엄마!"

"달순이가 어디 갔을까? 아! 저기 나뭇잎 뒤에 숨었네."

"와! 보인다! 보여! 엄마."

"오빠, 달순이 불러 봐. 이름 달순이야. 불러 봐."

창현이가 멋쩍은 듯 머리를 긁적이며 말했다.

"달순아, 반가워."

"달순아, 여기 이름 엄마야. 나는 효린이야. 여기는 오빠야. 음, 아빠는 화장실 갔어."

그렇게 우리 셋은 시간 가는 줄 모르고 유리병을 뚫어져라 쳐다보았다. 참 그 작은 달팽이 한 마리가 경상도 사투리로 도대체 '뭐라꼬' 우리의 눈길을 이리 사로잡을까. 유리병에 모든 시선을 꽂은 모습이 우습기도 했지만, 마음 한쪽이 따뜻해져 옴을 느꼈다. 달순이가 우리 집에 오고 나서 효린이는 언제나 달순이에게 인사를 하는 게 일과였다.

"달순아, 나 어린이집에 다녀왔어. 잘 있었니?"

"달순아, 잘 잤니? 나도 잘 잤어."

"달순아, 잘 자. 내일 만나."

창현이는 처음에 열광했던 반응과 달리 점점 반응이 시들해졌다. 반면 효린이는 점점 달순이와 사랑에 빠진 것처럼 애틋했다.

"엄마아아, 달순이가 안 보여. 아빠아아, 달순이가 안 보여요!"

조금만 보이지 않으면 무슨 일이라도 났나 싶어 우리를 불러댔다.

"달순이 여기 있네. 양상추를 먹고 있었네."

"휴, 다행이다."

"어, 엄마 여기 뚜껑 봐. 달순이가 뚜껑에 똥 쌌네."

"어머, 그러네. 달순이 똥은 이렇게 생겼네."

"아유, 냄새~ 달순아, 냄새나."

효린이는 넉살 좋은 웃음을 지으며 냄새난다는 듯 코앞에서 팔을 휘저으며 말했다. 아이의 말장난이 사랑스럽고 예뻤다. 아이는 작은 생명을 아끼고 사랑한다. 비 온 뒤에 산책하러 나가면 길바닥에 지렁이가 널려있다. 단비를 온몸으로 느끼려고 나왔다가 쨍쨍하게 뜬 햇볕에 몇몇 지렁이는 개미 밥이 됐다. 몇몇 지렁이는 살아보겠다고 꿈틀거리며 안간힘을 쓴다.

"엄마, 지렁이 불쌍해."

화단에서 작은 나뭇가지를 가져와 지렁이를 흙까지 밀어준다.

"와, 효린이 덕분에 지렁이가 다시 살 수 있겠다. 다행이야."

"지렁아, 집에 잘 가."

어린이집에서도 특별 수업으로 동물체험을 할 때 가장 먼저 손을 드는 것이 효린이라고 한다. 작은 게, 애벌레, 개구리 등 각종 곤충이나 토끼, 햄스터 등 작은 동물들을 만져 볼 기회를 주면 효린이가 가장 먼저 손을 든다. 물론 무서워하거나 징그러워하지만, 그것도 잠시 아끼고 사랑하는 마음이 훨씬 크다.

"어머니, 오늘은 어린이집에서 미꾸라지를 만졌어요. 친구들은 무서워서 아무도 엄두를 못 냈는데 효린이가 제일 먼저 손을 들고 씩씩하게 만졌답니다. 효린이 덕분에 친구들도 미꾸라지를 만져보고 체험할 수 있었어요."

작은 체구에서 나오는 용기는 어디에서 오는 걸까 궁금했다. 이번에 달순이를 키우며 느낀 것이 '사랑'이라는 것을 깨달았다. 두려운 마음도 있지만, 생명체를 사랑하는 순수한 마음이 용기를 불어준 것이다. 하늘의 빛깔을 보고도 감탄을 하며, 구름 한 조각을 보고도 사물과 연관을 짓는 아이. 생명에 대한 애틋한 마음과 순수함이 바탕이기에 나타나는 모습이 아닐까. 나는 창가에 붙은 거미 한 마리도 싫다. 집 안에서 하루살이들이 날아다니기라도 하면 견디지 못했다. 아이들에게 괜찮은 척 메뚜기를 잡아주고, 지렁이를 잡아주었지만 실은 심장에 솜털이 곤두설 만큼 징그러웠다. 사실 크게 해코지하는 것도 없는데 왜 그렇게 징그러워하게 됐는지. 그들도 소중한 생명인데! 나도 어릴 땐 줄줄이 기어가는 개미가 신기하고, 가을에 먹는 메뚜기 구이가 그렇게 맛있었는데. 학교 앞 번데기가 맛있었고, 화려한 무늬를 가진 무당벌레가 신기했다. 나이가 들고나니 심장이 쪼그라들었나? 내 몸은 몇 배로 커지고 벌레는 더 작아 보이는데 두려움은 더 커졌다. 효린이처럼 지렁이가 불쌍해서 나무 막대기로 구조

해 준 적도 많았는데 왜 이렇게 변해 버렸을까. 주택이 사라지고 삭막한 콘크리트가 산을 가로막듯 순수한 내 마음도 단단한 콘크리트에 가로막혀 버린 기분에 씁쓸했다. 아이가 맑고 투명한 물의 결정을 닮았다면 나는 흐리고 탁한 콘크리트 반죽이었다. 이제 와서 물의 결정을 닮을 수야 없겠지만 아이의 맑고 순수함까지 나로 인해 흐려지게 하고 싶지는 않았다. 최소한 탁함이라도 걷어 내고 싶은 마음. 그래서 효린이가 달순이와 이야기를 나눌 때면 옆에서 조용히 아이의 이야기를 듣는다.

"달순아, 어디 있니? 엄마, 달순이가 또 안 보이네."

"그래? 뚜껑 한 번 열어볼까?"

"응, 내가 열어볼래."

달순이는 뚜껑에 붙어 똥을 싸고 있었다.

"엄마, 달순이 또 똥 쌌어. 엄마 엄마, 달순이 움직여."

"정말이네. 꼬물꼬물. 효린아 여기가 달순이 눈이래."

"이게 눈이야? 와, 예쁘다."

"근데 엄마 달순이는 왜 자꾸 숨어 있어?"

"달순이는 밝은 빛보다 약간 어두운 것을 좋아해."

"아! 그럼 내가 불 꺼 줄게."

멀찌감치 서 있던 창현이가 우리 이야기를 듣더니 불을 끄는 시늉을 했다. 덩달아 효린이도 뛰어가 함께 불을 껐다.

"달순아, 미안해. 이제 괜찮지?"

평소에 어두운 것을 싫어하고 대낮에도 불을 켜던 두 녀석이다. 달순이가 싫어할지 모른다는 이야기에 덜컥 불을 끄다니! 달순이의 영향력은 어마어마했다. 이 에미가 몇 번이나 요청하고 부탁해도 모른 체하던 것들을 달순이는 한

번에 해내다니!

어느덧, 달순이가 양상추를 모조리 갉아 먹고, 바닥에서 뚜껑까지 몇 번이나 오르내릴 무렵 내 마음에도 달순이가 들어왔다. 그 작고 꼬물거리는 달팽이가 밖에 나와서도 생각났다. 집에 있을 땐 지나가다 꼭 한 번씩은 들여다보게 됐다. 비로소 내 마음에 탁함이 분리되고 있음이 느껴졌다. 누가 그랬더라. '살아있는 것은 모두 아름답다'고……. 이 작은 생명체가 살아있는 기쁨을 주었고, 아이와 함께 나누는 행복을 주었다. 함께 달순이를 보며 이야기를 나누고 감탄했던 시간은 무척 소중하고 즐거웠다. 우리 두 사람의 심장을 번갈아 가며 오가는 달순이 덕분에 말랑한 심장으로 솜사탕같이 달콤한 하루하루를 보냈다. 살면 살수록 힘든 게 인생이고, 키우면 키울수록 어려운 게 육아지만 그 속에 숨 쉬고 노래할 공간은 분명히 있다는 것. 작은 생명 하나만으로도 아이와 숨 쉬고 노래할 공간을 충분히 가질 수 있음에 얼마나 행복한지. 몸만 커졌지 마음은 점점 작아진 나를 효린이는 또 한 번 키워 준다. 마치, 엄마, 마음은 이렇게 키우는 거야 하듯이.

'고마워 효린아, 고마워 달순아.'

엄마도 예쁘고, 달순이도 예쁘고, 자기도 예쁘고, 오빠도 예쁘고, 아빠도 예쁘다는 효린이 말이 귓가에 남는다.

그래, 다 예쁘다. 다 사랑스럽다.

이거 입을래!

나는 초등학교 입학 전에 유아원을 다녔다. 내가 다닌 유아원 원복은 네이비 색상에 예쁜 세라복으로 사진으로 다시 봐도 촌스럽지 않고 고급스러웠다. 네이비 색 원복에 하얀색 타이즈가 정복이었다. 어떻게 생각하면 딱히 정해진 것은 없는데 다들 그렇게 입으니 그런가 보다 했을지도 모르겠다.

그날은 7살 내 인생에 가장 치욕스러운 날로 기억된다. 박물관 견학 날. 소풍 전날 설레는 마음에 한참을 뒤척였다. 아침에 일어나니 엄마가 정성스럽게 싸 주신 2층 미니 도시락과 물병까지 준비를 완료했다. 고양이 세수와 강아지 양치질로 마무리한 뒤 엄마가 꺼내 놓은 원복을 입기 시작했다. 가만, 타이즈가 이상해! 하얀 타이즈가 아니고 빨간 타이즈였다. 네이비 세라복에 빨간 타이즈가 웬 말이냐고! 엄마한테 빨간 타이즈가 싫다고 말 한마디 못한 채 밉상스러운 빨간 타이즈에 발을 넣었다. 그날은 견학이고 도시락이고 어떤 것도 나를 즐겁게 하지 못했다. 눈에도 빨간 타이즈만 보였고, 귀에도 빨간 타이즈만 들렸고, 머릿속에도 빨간 타이즈 생각만 간절했다. 원복 치마를 끌어 내렸다. 빨간색 타이즈를 조금이라도 더 숨기고 싶어서.

'친구들 모두 나만 보고 있는 것 같아. 부끄러워. 부끄러워.'

학 무리 속에 까마귀 한 마리. 친구들이 놀릴까 봐 부끄러웠다. 모두가 내 타이즈만 바라보고 있는 것 같았다. 어서 이 타이즈를 벗어 던져 버리고 싶은 마음뿐. 그 날 박물관에서 찍은 단체 사진과 영상이 있다. 지금 봐도 내 표정은 불만에 가득 찬 표정이다. 안아주고 싶다. 괜찮다고. 그렇게 지나간 타이즈 사건은 어느 날 아침 효린이와 옷 입히다가 한바탕 실랑이를 한 뒤 떠올랐다. 마냥 어린 줄만 알았다. 어느새 자기만의 패션을 내세우는 아이를 보니 나는 어땠을까 생각하다 타이즈 사건이 떠오른 것이다. 다짜고짜 엄마에게 전화를 걸었다.

"엄마, 유아원 다닐 때, 박물관 견학을 간 적 있잖아. 기억나? 그때, 나 혼자 원복에 빨간색 타이즈 입었었는데. 흰색 아니고 빨간색 타이즈 왜 입혀 보냈어?"

"어? 빨간 타이즈를 신고 간 적이 있었나? 좀 가물가물한데 기억에 전날 급하게 빨았던 것 같다. 아침에 만져 보니 타이즈가 덜 말라 할 수 없이 빨간색 입혀 보냈지. 왜 무슨 일 있나?"

'이런!'

빨간 타이즈를 입었던 당시 나는 엄마가 일부러 빨간 타이즈를 입혔다고 오해했다. 친구들 속에서 튀게 만들려는 엄마의 무서운 계획으로 결론을 냈다. 아니면 모두가 하얀색 타이즈를 신는 데 나 혼자 빨간색인 이유가 설명되지 않았기 때문에. 빨간색 타이즈를 혼자 입고 부끄러움을 넘어 수치스러워하는 딸의 마음을 전혀 몰라주는 엄마가 얼마나 미웠던지.

'친구들은 다 하얀 타이즈를 신고 있는데 엄마는 어떻게 빨간색을 입혀 보낼 수가 있어!'

웅어리로 남은 빨간 타이즈 뒤에는 허무한 진실뿐이다. 허무해도 이렇게 허무했다니. 엄마의 사정을 듣는 순간 피식 웃음이 났다. 사실 물어볼 때는 당시에 얼마나 서운하고 부끄러운 줄 알았냐고 따질 셈이었는데. 엄마의 사정을 듣고 나니 별것 아닌 일에 그렇게 속상해했던 내가 우습기도 하고 허탈하기도 했다. 그런데 왠지 엄마의 대답이 서운해졌다. 엄마는 잊어버린 데다 전혀 중요하게 생각하지 않았던 일이다. 되려 '그게 왜? 어때서?'라는 반응을 보였다. 어린 딸의 마음속에 깊은 상처로 남은 빨간 타이즈가 엄마에겐 별일 아니었다는 사실에 서운함이 밀려왔다.

'엄마의 입장에선 대수롭지 않은 일이 될 수도 있구나.'

하긴 달리 생각하면 어른들도 다 마찬가지다. 남편과 나 사이에도 정말 사소한 것에서 오해가 생기고 서운함을 느낀다. 남편이 아무런 악의 없이 던진 말이나 행동에도 크게 상처를 입을 때가 있다. 남편 역시 마찬가지 이유로 상처를 받기도 한다. 오히려 아주 큰 일은 담담하게 넘어가지만, 일상에서 벌어지는 사소한 한마디에 상처를 받고, 다투게 되지 않는가. 하도 물병 뚜껑을 열어놓기에 계속 닫아주다가 좀 닫지 얘기했다가 너는 수도꼭지 제대로 잠그지 않은 적 많다고 강편치를 날려 된통 당했다.

효린이와 아침이면 옷으로 투덕거리곤 한다. 바쁜 아침에 꼭 전날 빨아 둔 옷을 찾는다. 꼭 입고 싶다며. 아니면 꼭 계절에 맞지 않는 옷을 찾거나. 그것도 아니면 햇볕 쨍쨍한 날 장화를 신겠다거나 추운 겨울날 앞 코가 뚫린 구두를 신겠다거나! 중간 지점을 찾아 합의를 보기 전까지 팽팽하게 대립한다.

"엄마, 그거 말고 이걸로 할래."

"음, 이거? 이건 좀 더울 것 같은데. 이건 어때?"

"싫어. 이거 입을래!"

웬만하면 입혀 줄 테지만 정말 좀 아니다 싶을 때가 훨씬 많다. 어르고 달래서 입히기도 하지만 기어코 고집을 부리는 날엔 가방에 여벌 옷을 넣는다. 선생님께 부탁하는 수밖에. 아이를 데리러 가면 여벌 옷으로 갈아입고 있다. 선생님의 황당한 말씀. 불편하다고 알아서 갈아입혀 달랬단다. 대체 뭐니! 그런데 난 묻지 않았다. 왜 고집하는 옷을 입고 싶은지. 안 된다고 거절했고, 아이의 감정에 무심했다.

아이와 의견이 대립하는 상황은 곧잘 일어난다. 마트에서 장난감을 고를 때도.

"엄마, 저거 할래. 저거 사 줘."

'음, 그건 금방 질릴 것 같은데. 그건 실용성이 없어. 금방 부서지겠는걸. 그건 서로 싸우겠는데.'

아이가 고르는 것 어느 하나도 마음에 드는 게 없다. 마음속에는 오직 장난감 본전 생각을 하며 최대한 실용성 있는 것을 찾는다. 아이에게 별로라는 이야기는 하지 못하고 계속해서 다른 것을 권한다.

"싫어, 저거 할래. 저거 할래."

설득이 통하지 않아 아이를 번쩍 들어 안아 좋아하는 캐릭터 그림의 스티커 하나 쥐여 주고 얼른 마트를 빠져나왔다. 큰마음 먹고 아이가 원하는 장난감을 사 주겠다고 했으면서도. 집에 돌아오면 언제 그랬냐는 듯 스티커에 빠진 아이를 보며 실랑이는 모두 잊었을 거로 생각했다. 장난감 회사의 상술에 넘어가지 않았음을 뿌듯하게 여기면서. 과연 아이도 엄마의 힘에 굴복당하며 돌아왔을 때 느낀 감정을 잊어버렸을까?

아이 마음과 내 마음이 절대 같을 수 없을 텐데. 아직 어리니 잊어버릴 거라 생각하며 내가 옳다는 방향대로 끌고 와 버렸다. 별일 아니라 여기면서. 정작 나는 빨간 타이즈를 오랜 시간 마음에 담아두고 살았으면서! 좀 더 살았다는 이유로 내 기준에서 된다 안 된다고 판단해버린 일들. 아이는 힘에 밀렸을 뿐이다. 이길 수 없는 게임이라는 것을 알기에 체념하고 포기했을 뿐. 아이가 선택하는 것을 그렇게 제지할 것까지는 없었는데. 아니, 아이의 선택을 존중해 줄 수 있었는데. 조금 어긋나더라도 크게 문제 될 일이 아닌데 무조건 반대부터 하고 본 것일까. 딸의 마음을 헤아리지 못하고 빨간 타이즈에 대해 일체 설명도 없던 친정엄마. 더군다나 아이에게 상처 될 거란 짐작도 없이 무심하게 넘어가 버린 친정엄마와 나는 같은 길을 가고 있었다. 네이비 원복에 하얀 타이즈를 입어야 한다고 생각했던 것처럼 효린이도 자기만의 미의 기준이 있고 하고 싶은 기준이 있을 텐데. 나와 반대로 효린이는 네이비 원복에 빨간 타이즈를 선호할지도 모른다. 나와 전혀 다른 기준을 가지고 있을 수도 있다. 이대로 간다면 하얀 타이즈가 더 예쁘다며 빨간 타이즈를 반대할지도 모르겠다. 뭐가 그리 중요하다고 바쁜 아침 아이와 그렇게 씨름을 했을까. 엄마가 내 마음을 알아주지 않는다 생각했을 아이를 생각하니 안타까웠다. '이제부터라도 네 의견을 존중할게.'

'일단 먼저 내 생각을 자제하자. 아이의 말을 충분히 듣고 아이를 최대한 이해해보려 애쓰자. 그다음에 생각해도 늦지 않다.'

다음 날 아침, 아직 날씨는 더운 데 아이는 빨간색 겨울 원피스를 입겠다고 떼를 썼다.

"효린아, 이 옷 왜 입고 싶은 거야? 엄마 생각에 조금 더울 것 같은데. 괜찮을까?"

"응, 괜찮아. 나 공주님 치마 입고 싶어서."

아이는 나와 옷을 번갈아 보며 고민하는 듯했다.

"괜찮아. 안 더워."

평소에도 땀이 많은 체질인데 원피스의 두께를 보아 땀을 흠뻑 흘릴 것 같았다. 더군다나 어린이집에서 입기에 불편해 보였다.

"이거……."

한 마디 꺼내려다 입을 꾹 다물었다.

'안 하기로 했잖아. 존중해 준다며. 입고 나서 땀을 흘리면 지금 입기에 더운 옷이란 걸 스스로 깨달을 거야.'

"그래, 그럼. 이 옷 입고 가."

모자가 달린 도톰한 빨간색 원피스를 입혀 주었다. 효린이는 빙글빙글 돌며 공주님이라고 기뻐했다. 조용히 여벌 옷 한 벌을 어린이집 가방에 챙겼다. 효린이는 어린이집 등원하는 내내 싱글벙글했다.

"선생님, 효린이가 원피스를 입고 싶어 해서 입고 왔어요. 조금 더울 것 같아서 가방 속에 여벌 옷을 넣어 두었어요. 나중에 더워하면 갈아입혀 주세요."

효린이를 들여보내고 난 후 선생님께 양해를 구했다. 어린이집 하원 시간에 맞춰 데리러 가니 효린이 옷이 빨간 원피스에서 가방 속에 넣어 둔 여벌 옷으로 바뀌어 있었다. 효린이를 데리고 나오며 선생님이 말했다.

"효린이 오전에 잠깐 놀다가 땀이 나고 더워했어요. 갈아입을까 물어보니 갈아입겠다고 해서 바로 갈아입었어요."

직접 경험하면 알아서 바꾸는데 먼저 결정짓고 내 기준에 맞추려고 했던 것. 서로가 옳다고 바쁜 아침 시간에 에너지를 낭비했던 일들이 어리석게 느껴졌다. 아이도 스스로 판단하고 생각할 수 있는데 무조건 내가 옳다고 생각하는

쪽으로 이끌려고 했던 건지. 빨간 타이즈 사건도 생각해 보면 쉽게 해결될 수 있었을지 모른다.

"수빈아, 어제 엄마가 하얀 타이즈를 빨았는데 아직 덜 말라서 신을 수가 없어. 어떻게 하지. 빨간 타이즈밖에 없는데 빨간 타이즈를 대신 신고 가면 안 되겠니?"

엄마가 이 한마디만 해 줬더라도 부끄럽지만 어쩔 수 없는 상황을 이해했을 텐데. 스스로 빨간 타이즈를 입는 선택을 했을 텐데. 아이라서 모른다, 미숙하다고 생각했다. 하지만 선택은 아이의 몫이다. 실패도 성공도 본인이 선택할 몫이며, 경험해야 하는 건데. 아무리 좋은 선택도 내가 대신해 줄 권리는 전혀 없다. 어쩌면 자신의 주장을 굽히지 않는 효린이가 바르게 나아가고 있는 건지도 모르겠다.

"효린아, 너의 선택 존중할게. 앞으로 잘 부탁해."

모전여전

"엄마, 이거 왜 이렇게 됐어요? 엄마, 이건 달팽이 그린 거야. 엄마, 내가 책 읽어 줄게. 들어봐. 옛날 옛적에 달팽이가 살았습니다. 달팽이가 배가 고프네요. 엄마, 배고파요."

아침 식사를 마친 후 설거지를 하는 내 옆에서 효린이가 쉴 새 없이 재잘거렸다. 종달새가 울어도 저만큼 떠들까 싶고, 참새들이 떼로 모여 짹짹거려도 효린이만큼 재잘거릴까. 어린이집에 데려다주는 길에도 참새 같은 작은 주둥이는 한시도 쉴 새 없다.

"엄마, 저기 구름 좀 봐. 악어를 닮았지? 엄마, 저기 새가 지나가고 있어."

"응, 길쭉한 게 악어 같은 모양이다. 맞네. 큰 새가 날아가네."

차창 밖에 펼쳐진 풍경을 연신 입을 움직이며 그림을 그린다. 어느덧 교차로에서 신호를 받고 기다렸다.

"엄마 엄마, 왜 출발 안 해? 어서 출발해야지."

"응, 신호등이 빨간색이라 갈 수가 없어. 초록색으로 바뀌면 출발해야 해. 우리는 초록색 화살표가 나오면 출발할 거야."

"화살표? 화살표가 뭔데?"

"왼쪽 오른쪽 어떤 방향으로 갈지 알려주는 방향 표시야."

"응. 그렇구나. 엄마 내가 마법의 지팡이로 나오게 해줄게. 나와라. 어서 초록 불 나와라. 화살표 나와라. 얍!"

연신 신호등을 향해 손을 휘저으며 초록 불이 바뀌라고 주문을 걸었다. 15분 거리의 등원 길에 아이는 온갖 참견과 질문을 쏟아냈다. 어린이집에 들여보내는 순간까지도 조용할 새가 없다. 어린이집에 들여보내고 문을 닫는 순간 후 한숨과 함께 내 입도 휴식을 찾았다.

'녀석은 대체 누굴 닮아서 저렇게 종알거리는 거야. 한 번도 쉬지를 않네.'

입가에 미소를 머금은 채 고개를 절레절레 흔들며 주차장으로 내려갔다. 운전석에 앉아 출발하려는데 문득 친정엄마가 했던 이야기가 생각났다.

"아이고, 얼마나 조잘거리는지 하도 시끄러워서 내가 그랬다. 수빈아, 그만 좀 말해. 물었던 거 또 묻고, 또 묻고. 대답해 주다 보면 진이 빠진다. 대답해 주면 끝이 날까? 엄마 저건 뭐야? 물어서 응, 그건 뭐라고 대답해 주면 왜 그런데? 어쩌고저쩌고 아주 꼬리에 꼬리를 물고 이야기가 끝이 없다. 하다 하다 고만 좀 말하라고 했지."

피식 웃음이 났다. 엄마의 말에 의하면 효린이는 나를 빼다 박은 모양이다. 슬며시 남편은 어땠을까 궁금해졌다. 그날 저녁, 퇴근하고 돌아온 남편에게 물었다.

"자기, 자기는 어릴 때 말이 많은 편이었어? 효린이처럼? 어땠어?"

"난 별로 말수가 없었어. 오죽하면 엄마가 이래도 '허' 저래도 '허' 그랬다 하시겠어."

하긴 언젠가 어머님이 말씀하셨다.

"하도 애가 조용해서 말을 못 하나 싶어가 너희 큰 엄마가 이리 찌르고 저리 찌르고 그랬다. 아들 둘이 키워서 조잘거리는 것도 없고 무뚝뚝한 게 내가 얼마나 키우는 맛이 없었는지. 셋째가 딸이었다면 더 낳았을 텐데 사람들이 또 아들 낳을 거라고 해서 그만두었다."

변명할 여지 없이 효린이는 나를 닮은 모양이다. 이런 게 딸 키우는 맛이라고들 하지만 가끔은 콕 집어내는 잔소리에 뜨끔했다. 정신없이 바쁜데 곁에 다가와 계속해서 질문하니 귀찮아졌다. 어릴 땐, 시끄럽다던 엄마의 말이 상처가 됐지만, 지금은 친정엄마의 심정을 조금은 알 것 같았다. 오죽 시끄러웠으면 그랬을까. 닮은 구석은 여기서 끝나지 않았다. 효린이는 오빠에게도 큰소리칠 만큼 기가 세고 주눅이 들지 않는 아이였다. 그런데 놀이터에만 가면 행동이 조심스러워졌다. 미끄럼틀을 타러 올라가면 계단 틈새를 무서워했다. 건너가는 길에 틈새가 벌어져 있으면 무서워서 손을 잡아줘야 건너갔다. 삐걱 소리가 나면 내 손을 잡지 않고서는 건너지 못하거나 울어버렸다. 안전에 대한 욕구가 높고 불안이 컸다.

"엄마, 무서워. 손잡아줘."

"엄마가 잡아줄게. 괜찮아. 위험한 거 아니야. 천천히 지나가 봐."

아이의 걸음은 다리에 힘이 잔뜩 들어간 채로 어기적어기적하며 느릿느릿 걸어갔다. 돌다리도 두드려보고 건너는 사람처럼. 아이의 모습이 우습기도 하고, 귀여워서 아이의 모습을 카메라에 담았다. 스마트폰으로 동영상을 찍고 있는데 동영상에 담긴 아이의 모습이 어디서 많이 본 모습이었다.

'나 이런 걸음 어디서 본 적 있는데……. 그때가 언제더라.'

어릴 때 진주 촉석루에 나들이를 갔다. 아빠가 먼저 촉석루에 올라 대각선 방향으로 성큼성큼 걸어가셨다. 모서리 기둥 앞에서 나를 불렀다.

"수빈아, 아빠 쪽으로 쭉 걸어와 봐."

캠코더를 들고 나를 바라보는 아빠 소리에 한 걸음 내딛는 순간 마루가 삐걱 소리를 냈다. 오래된 정자 바닥은 한 걸음씩 뗄 때마다 삐걱하며 오랜 세월 케케묵은 소리를 냈다. 아이고, 아이고 곡소리를 하며 걷는 노파처럼.

'이거 걸어가다가 무너지면 어떻게 하지?'

어린 마음에 내 머릿속에는 삐걱거리며 덜컹거리는 느낌이 곧 무너질 것만 같았다. 순간 정자를 빙 둘러보았다. 사방에 단단한 기둥이 보였다. 왠지 기둥을 둘러싼 테두리는 정자의 중앙보다 안전해 보였다. 나는 기역 모양으로 걸어 갔다. 테두리에 바싹 붙어 아주 천천히 어기적어기적 걸어갔다.

'무너지면 기둥이라도 잡아야 하니 바깥으로 걷자.'

동영상은 두고두고 우리 가족의 화젯거리이자 웃음거리였다.

어기적어기적 걷는 효린이는 나를 쏙 빼다 박았다. 하마터면 동영상을 보다 가 스마트폰을 떨어뜨릴 뻔했다. 놀이터에서 찍은 동영상을 친정엄마에게 보 냈다. 잠시 후, 친정엄마로부터 전화가 왔다. 배꼽 잡는 웃음소리는 덤으로.

"효린이가 너를 똑 닮았다. 너 기억나니? 촉석루에서 무서워서 테두리로 어 기적어기적 걸어서 아빠한테 갔던 거. 얼마나 천천히 가던지. 효린이가 아주 똑같네. 호호호"

엄마와의 유쾌한 전화를 끊고 효린이를 찾았다. 홀로 통로 벽을 잡고 부들거 리며 한 걸음씩 힘겹게 나아가기 시작했다. 지금에야 재미있는 에피소드지만 촉석루 테두리를 건너던 나도 얼마나 무서웠는지 모른다. 생존 본능으로 사뭇 진지하게 안전한 곳을 찾았다. 한 걸음 한 걸음 뗄 때마다 들려오는 삐걱거리는 소리는 두려웠는지 모른다.

"효린아, 엄마가 손잡아 줄까?"

벽을 잡고 통로를 건너는 아이를 향해 손을 내밀었다. 효린이는 기다렸다는 듯이 내 손을 잡았다. 아이의 손이 촉촉했다. 손금 사이사이에 땀이 송골송골 맺혔다. 어른인 내가 보기엔 위험하지도 않고 별것 아니라고 생각하겠지만 아이는 내면의 두려움과 당당히 맞서는 중이었다. 유쾌하게 생각했던 마음을 버리고 아이의 손을 부드럽게 잡았다.

"괜찮아. 위험하지 않아. 엄마가 꼭 잡아줄게. 천천히 가봐."

재잘재잘 소란스럽던 작은 새는 입을 꾹 다물고 둥지 바깥으로 날갯짓을 했다. 제법 오랫동안. 오히려 내가 괜찮다고 격려하며 쉴 새 없이 떠들어댔다. 그날 효린이는 몇 번이나 통로를 건넜다. 두려워도 통로를 건너야 재미있는 미끄럼을 탈 수 있기에 계속해서 도전했다. 함께 통로를 건너기도 하고, 아래에서 손만 잡아 주기를 거듭 반복했다. 갑자기 손을 뿌리치며 결의에 찬 목소리로 말했다.

"엄마, 이제 내가 건너볼게."

아이는 비장한 표정으로 계단을 성큼성큼 올라갔다. 오른손으로 벽을 잡고, 왼손으로 허공을 잡고 통로를 건넜다. 어기적어기적 느린 걸음이지만 천천히 통로를 건넜다. 스스로 통로를 건너서 신나게 미끄럼을 타고 내려왔다.

"엄마, 나 혼자 했어. 나 혼자 건넜어."

아이는 신이 나서 폴짝폴짝 뛰었다.

"우리 효린이 정말 씩씩하다. 너무너무 멋져."

나도 덩달아 폴짝폴짝 뛰면서 손뼉을 쳤다. 늦게 배운 도둑질이 무섭다고 하던가. 점점 통로의 두려움을 극복한 아이는 그날 미끄럼을 몇 번이나 탔는지 모른다. 아이는 왜 부모를 닮을까? 어쩌면 부모의 어린 시절을 미루어 아이를 보다 더 지혜롭게 키우길 바라는 신의 큰 뜻은 아닐까? 만약 내가 겁이 없고, 두려움을 느낀 적이 없었다면 아이가 두려워하는 마음을 진심으로 공감해 주지는 못했으리라. 쉴 새 없이 재잘거리는 아이에게 그만 좀 떠들라고 핀잔을 주며 호기심을 싹둑 잘라버렸겠지. 다행이다. 닮아서. 다행이다. 공감할 수 있어서. 다행이다. 나를 닮은 네게 진심으로 네 편이 될 수 있어서.

안 돼, 약속 지켜야지

"효린아, 효린아. 이리 와 봐."

"엄마, 왜 그래?"

부엌에 딸린 조그만 세탁실에 나란히 쭈그리고 앉았다. 세탁실 문밖으로 고개를 빼꼼히 내밀어 거실을 내다보니 창현이가 책장 앞에 앉아 책을 보고 있었다. 커다란 창으로 쏟아지는 햇빛이 창현이를 따뜻하게 감쌌다. 순간 넋을 놓고 바라보고 있는데 효린이가 불렀다.

"엄마, 엄마, 왜 불렀어?"

"아참, 맞아 맞아. 이거 먹으라고."

소리가 새어나갈까 싶어 소곤거리며 아이에게 귤을 건넸다. 귤을 건네는 소리마저 문 틈으로 빠져나갈까 몰래 주는데 효린이가 크게 말했다.

"와규!"

깜짝 놀라 나도 모르게 효린이의 입을 틀어막았다.

"오빠는 지금 아파서 귤을 먹을 수가 없어. 오빠가 보지 않을 때 먹어야 해. 오빠가 보면 먹고 싶을 테니까. 조용히 먹고 나올 수 있지?"

볼이 빵빵해진 아이는 입술 밖으로 새어 나오는 귤즙을 닦으며 말없이 고개를 끄덕였다. 조용히 세탁실의 문을 반쯤 닫고 얼른 창현이 옆으로 다가갔다. 곁에서 책장을 넘기고 있는 아이를 물끄러미 바라보는데 목구멍이 따끔거렸다.

'녀석, 귤 다섯 개도 먹을 텐데. 미안해. 창현아, 식이요법이 끝나면 엄마가 맛있는 귤을 많이 챙겨줄게.'

쓴맛 나는 생각에 머릿속이 떫어질 때쯤 효린이가 문을 열고 나왔다. 창현이가 식이요법을 시작한 이후로 효린이는 식사나 간식을 보이지 않는 곳에서 먹어치워야 했다. 어느덧 아이의 입에도 '오빠 몰래 먹어야 해. 오빠는 아파서 못 먹으니까.'라는 말이 붙었다. 몰래 먹기는 했지만, 세탁실에서 몰래 챙기는 끼니가 배고픈 욕망을 채우지는 못했다. 오죽하면 밤에 배가 고파서 대성통곡을 했을까. 잘 자던 아이였는데 갑자기 어느 날 밤 아이가 울기 시작했다. 어르고 달래도 도무지 그치질 않았다. 어디가 아픈가 싶어 병원에 갈 채비를 하는데 혹시나 하는 마음에 물었다.

"효린아, 혹시 배고파? 빵 줄까?"

대성통곡을 하며 울던 아이는 언제 그랬냐는 듯 눈물을 그치고는 고개를 끄덕였다. 가져온 빵은 단숨에 먹어 치웠다.

'얼마나 배가 고팠으면 자다가 온몸이 젖을 만큼 통곡을 했을까?'

먹고 싶어도 먹을 수 없는 아이, 먹을 수 있어도 먹을 수 없는 아이. 두 아이의 입장은 엄마라는 이름이 몸서리쳐질 만큼 괴로웠다. 친정엄마는 두 아이의 사정을 들으시고는 안 되겠다 싶으셨나 보다. 할머니의 모성 본능에 스위치가 켜졌다.

"한창 클 시기인데 못 먹고 하면 애가 안 큰다. 식이요법을 할 동안에라도 주말에는 데리고 와. 너는 창현이나 신경 쓰고."

배를 곯던 아이는 주말을 외가에서 보냈다. 효린이가 없는 집은 썰렁하기도 했지만, 한편으론 무척 수월했다. 두 아이가 있는 주말은 끼니마다 각각의 끼니를 만들고, 하나는 안방에서 하나는 세탁실에서 먹는 세끼만으로 녹초가 되었다. 양치하다 젖고, 먹다가 흘리고, 세수하다 버리는 옷은 세탁기의 휴식을 허락하지 않았다. 먹이고, 입히고, 씻기는 것만으로 밤이면 거지꼴이 되었던 나는 효린이가 친정에 가고 난 이후, 한결 수월해졌다. 이 집에 사람이 사나 싶을 정도로 고요한 하루였다.

토요일 아침 출근길에 남편이 아이를 친정에 데려다주면, 주말을 보내고 월요일 아침에 친정아버지가 어린이집으로 태워다 주셨다. 덕분에 월요일마다 있는 외래 진료를 수월하게 보았다. 효린이가 있을 땐, 아이를 준비시키고 부랴부랴 예약된 시간까지 자동차 가속페달을 밟아야 했다.

다시 주말 아침이 찾아왔다.

"효린아, 외할머니 집에 가게 옷 갈아입자."

"응, 알았어. 엄마, 나는 외할머니 집에 가 있을게. 오빠 병원 갔다가 데리러 와."

작은 천사는 오빠의 아픔을 이해했고, 자신의 상황을 이해했다. 알지 않아도 되는 것을 너무 빨리 안 것만 같아 눈 밑이 뜨거워졌다. 내 마음은 아픔이지만 아이는 다시 포동포동 살이 오르기 시작했다. 살이 올라 어여쁜 아이의 볼을 매만지며 내 마음에도 새 살이 돋아 오르기 시작했다.

그러던 어느 날, 금요일 저녁부터 효린이가 열이 났다. 토요일 아침 엄마와 통화를 했다.

"어쩔래? 데려올래?"

"엄마, 일단 오늘 집에 데리고 있을게. 혹시 괜찮으면 내일 보내고, 아니면 이번 주말은 집에 데리고 있을게."

쌀쌀해진 탓인지 기침을 하며 열이 났다. 그날 밤까지 효린이는 열이 오르락 내리락했다. 밤새 이마를 짚었다가 체온계를 들었다가 잠을 설쳤다. 밤새 열과 사투를 벌인 끝에 5시쯤인가. 36.8도. 아이의 이마에 얹은 손이 시원했다. 열이 내린 것을 확인하고서 내 의식도 내려놓았다. 열이 내리고 가뿐하게 일어난 효린이는 기분이 좋았다. 친정으로 가져갈 가방을 들고 아빠와 집을 나섰다.

"엄마가, 내일 데리러 갈게. 외할머니 집에서 한밤 자고 내일 만나. 오빠 병원 갔다가 데리러 갈게."

"응. 엄마는 오빠랑 병원 갔다 와. 나는 할머니 집에서 기다리고 있을게. 다녀오겠습니다."

기특한 꼬마 숙녀는 등에 업은 가방과 엉덩이를 덜렁거리며 유쾌하게 집을 나섰다.

'잘 있을까. 다시 열이 오르지 말아야 할 텐데.'

창현이를 돌보면서도 시시때때로 효린이가 걱정됐다. 걱정하고 있을 딸을 위해 친정엄마가 수시로 보내주는 아이의 모습을 보며 가슴을 쓸어내렸다.

"혹시 열이 날지 모르니까 오늘은 안 보내줄 거야. 병원 갔다 오는 길에 데리고 가라."

효린이가 완전히 낫지 않아 걱정되셔서 어린이집에 보내지 않으셨다.

"응. 엄마. 창현이 병원 갔다가 데리러 갈게요."

오늘은 뇌 신경 진료와 치과 진료를 함께 받느라 제법 오전 시간이 훌쩍 지나버렸다. 진료를 마치고 집으로 돌아오는 차 안에서 몸이 쑤셨다. 이사한 다음 날처럼 몸이 천근만근 같았다. 간호한답시고 잠을 설친 탓인지 몸이 무거웠다. 효린이를 데리러 가야 하는데 하루만 쉬고 싶다는 생각을 했다.

'아, 하루만 쉬었으면 좋겠다. 효린이가 내일 왔으면 좋겠는데⋯⋯. 엄마한테 하루만 더 부탁해 볼까.'

따르릉,

"응. 엄마. 지금 창현이 데리고 진료 마치고 집으로 가는 길이야."

"잘했고?"

"응, 잘했어."

잠시 침묵이 흘렀다. 친정엄마한테 죄송스럽기도 하고, 효린이에게 미안하기도 해서 이야기를 하지 말까 하는 고민이 스쳐 지나갔다.

"저기⋯⋯. 엄마."

"왜?"

"효린이⋯⋯. 내일 데리러 가도 될까? 나 몸살기가 좀 있는 것 같아서. 하루만 쉬었으면 해서⋯⋯."

"그래라. 그럼 내일 데리러 와."

"응. 고마워. 엄마."

"오냐."

그렇게 엄마와 전화를 끊었다.

'아! 집에 가서 좀 누우면 되겠다. 피곤⋯⋯.'

어서 집에 가서 몸을 누일 상상을 하는데 다시 전화벨이 울렸다. 친정엄마셨다.

"응, 엄마."

"효린이한테 엄마가 몸이 아파서 내일 온다고 하루만 더 있자고 아무리 말해도 안 된다. 절대 안 된단다. '엄마가 약속을 지켜야지.'카면서."

엄마는 효린이를 바꿔주셨다.

"효린아."

"어엄마아~"

수화기 너머로 해맑은 효린이의 목소리가 들려왔다.

"엄마, 몸이 좀 아파서 내일 데리러 가면 안 될까? 한밤만 더 자고 내일 가면 안 돼?"

"안 돼! 엄마. 한 밤만 자고 데리러 온다고 그랬잖아. 약속을 지켜야지."

칼로 무를 자르듯 아이의 목소리는 단호했다. 아이의 단호박처럼 자른 무처럼 단호한 말투에 몸살 기운도 잊은 채 피식 웃었다.

"(킥킥) 맞아. 엄마가 데리러 간다고 그랬는데 약속 어기면 안 되지. 미안해. 엄마가 얼른 데리러 갈게."

"응, 엄마, 기다리고 있을게. 효린이 데리러 와."

다시 친정엄마의 목소리가 들려왔다.

"지금 올 거야? 어쩌니? 내가 아무리 달래도 안 된다고 하네."

"큭큭. 괜찮아, 엄마. 효린이 말이 맞아. 지금 데리러 갈게."

"알았다. 짐 챙겨 놓을게."

전화를 끊고, 친정으로 달렸다. 효린이를 만나러 가는 내내 멋쩍은 웃음이 터져 나왔다. 잔머리 굴리려다 엄마한테 딱 걸린 중학생이 된 기분.

"엄마, 텔레비전 하나만 더 보면 안 돼? 하나만. 하나만."

"안 돼, 엄마랑 약속했잖아. 하나만 보고 그만 보기로. 그럼 약속 지켜야지. 이제 그만 봐야 해."

갑자기 아이들에게 약속 운운하며 무 자르듯 안 된다고 했던 내 모습이 생각났다. 효린이의 말투가 내 말투를 꼭 닮아 있었다. 애들 앞에서 찬물도 마음대로 못 마신다는 어른들의 말씀은 딱 이런 때를 두고 하는 말이리라. 아이는 내 등을 보며, 내 말투, 내 행동을 보며 배운다. 나는 아이의 입장에서 외롭고 무서운 세상에서 어떻게 살아가야 하는지 방법을 터득하는 '인생 지침서'일지 모른다. 아이는 엄마가 보여주는 지침서를 따라 살아간다. 그런데 지침서의 설명과 실제 행동이 다르다면 얼마나 혼란스러울까. 만약 조립 설명서에 있는 설명과 실제 조립 방법이 다르다면 어떻겠는가? 제대로 조립이 어려운 제품을 판매했다고 환불을 요구할지 모른다. 내가 말하고 보여주는 지침서가 실제 나와 다르다면 아이 역시 환불을 요구하거나 반품하고 싶을 것이다. 하지만 아이는 절대 엄마를 바꾸고 싶다거나 새로 발급받고 싶다고 생각하지 않는다. 오히려 부족한 엄마를 추켜세워준다.

"우리 엄마가 제일 예뻐. 우리 엄마가 제일 좋아. 우리 엄마 최고야."

약속을 지킨 엄마를 껴안으며 얼마나 기뻐했는지. 이리도 기뻐하는 너를 잠시나마 귀찮아했던 내가 얼마나 한심하게 느껴졌는지 모른다.

효린아, 엄마 예뻐해 줘서 고마워. 바꿔 달라 환불 요청하지 않아서 고마워. 너의 불만은 엄마 A/S 센터에서 잘 접수할게. 설명서와 조립 방법이 다르지 않은 엄마가 되도록 최선을 다할게. 엄마도 처음이라 때론 다를지 몰라. 그때도 지금처럼 엄마에게 이야기해줘. 불만 접수해서 고치도록 할게. 우리 딸, 고마워. 사랑해.

제4장
사랑해요, 엄마

작은 지혜 하나

"내놔, 내 거야."

"으앙, 오빠가 빼앗아갔어."

"엄마, 흑흑, 효린이가 물었어."

깔깔거리고 서로의 이름을 부르며 다정하게 놀던 두 아이의 일그러진 목소리가 들려왔다. 어떤 육아서에 보면 7분 30초던가. 아무튼 그 정도로 자주 다툰다고 하소연하는 글을 읽은 적이 있다. 우리 집은 7분도 길어 보인다. 짧으면 3분, 길면 5분 간격으로 울고 터지는 것 같다. 답답한 마음에 육아 달인들의 강의를 가서 질문한다.

"연년생 남매를 키우고 있어요. 왜 이렇게 다툴까요?"

돌아오는 대답은 허무하다. 어디를 가도 형제, 자매, 남매 모두 다툰다고. 안 다투는 집이 오히려 찾기 힘들단다.

"언니, 언니네는 아이 서로 터울이 있어서 잘 안 싸우죠?"

"그런 소리 마. 터울 그런 거 아무 상관 없어. 정말 많이 차이 나는 거 아니면 다 싸워. 우린 하다못해 누나 숙제해 놓은 공책에 낙서해서 싸워. 누나는 울고 불고. 동생은 누나가 때렸다고 울고. 하나는 소리 지르지. 하나는 손이 나가지. 아주 가관이야. 내가 애들 때문에 곱던 성질이 헐크가 될 판이야."

터울이 없어서 싸우나 싶었더니 터울이 나도 싸운단다. 여기저기 물어봐도 별 소득이 없다. 남편과 나는 아이들 앞에서 언성을 높이며 싸워본 적이 없는데 아이들은 대체 왜 이렇게나 싸우는지.

"그거 내 거잖아. 내놔! 야!"

하나는 소리를 지르고, 하나는 약 올리는 표정으로 도망간다. 각자 역할만 바뀔 뿐 늘 싸움 장면은 유사하다. 소리를 지르거나 싸우고 우는 소리가 들리면 좋았던 기분이 차갑게 식는다. 내가 보면 싸울 일도 아니고, 조금만 양보하면 싸울 일이 없는데 아이들은 전혀 통하지 않는다. 우리 부부는 농담 삼아 이런 얘기도 했다. 둘이 너무 싸워서 심적으로 약한 큰 아이가 스트레스 때문에 경련을 하는 것이 아닐까 하고. 꼭 그런 건 아니지만 가끔 잠꼬대를 들어보면 동생과 다투는 일이 스트레스이긴 한 모양이니까.

어쨌거나 형제, 자매 없이 홀로 외롭게 자란 나는 연년생 남매의 다툼이 이해될 때보다 그렇지 못할 때가 많다. 돌아보면 외롭고 부러웠다. 함께 놀던 친구가 언니의 손을 잡고 집으로 가 버릴 때. 편을 먹고 놀이를 할 때면 꼭 형제, 자매끼리 편이 갈리고 홀로 남아 깍두기를 할 때. 동생이 잘못해도 내 얘긴 듣지도 않고 동생 편을 들 때. 어린 마음에 울컥하곤 했다. 그 시절 가장 듣기 싫은 말.

"애, 넌 좋겠다. 혼자서 부모님 사랑 독차지하고."

어린 마음에 굳은 결심을 했다. 저금통을 뜯었다.

"엄마. 여기 내가 모은 돈 있어요. 시장 가서 동생 좀 사다 주세요."

엄마의 가슴에 상처가 되건 아픔이 되건 관계치 않았다. 오직 동생만 있으면 좋겠다고 생각했으니까. 동생만 있다면 해 줄 수 있는 건 뭐든지 해 주고 싶었으니까. 뭐든지 있는 시장에는 있을 줄 알았다. 꿈에만 그리던 동생이…….내게는 그렇게 애타게 바라던 동생이고, 오빠데 이 녀석들은 왜 이리도 싸우는지. 내 안의 어린 나는 복에 겨운 아이들을 살짝 질투도 해 가며 싸우는 아이들을 철없게만 바라보았다.

말려도 보고, 무관심해 보기도 하고, 다독여도 봐도 늘 제자리인 남매 사이는 하루 중 가장 지치는 일이 되어 나를 괴롭혔다. 할퀴고, 꼬집어 얼굴에 흔적이라도 남는 날엔 엄마로서의 자괴감까지. 겨우 싸우는 모습 보자고 아이를 낳았나 싶은 마음에 마음이 텅 빈 것만 같았다. 아이들은 여전히 지치지 않는 투견 같았고, 나는 어서 투견장을 뛰쳐나가고 싶은 심판에 불과했다.

아이들의 다툼으로 고민에 빠져 있을 때, 친구가 자기 이야기를 꺼냈다.

"어휴, 우린 정말 많이 싸웠어. 오빠는 유치원에 가고, 난 오빠가 오기만을 기다렸어. 담벼락에 팔을 괴고 말이야. 유치원 버스가 보이고, 오빠가 보였어. 반가운 마음에 동네가 떠나가도록 오빠를 불렀어. 집 쪽으로 걸어오던 오빠는 내 부름에 고개를 들고 나를 바라보았지. 눈이 딱 마주쳤어. 난 격하게 팔을 흔들었어. 발가락을 더 바짝 세우고 높이 말이지. 그런데 오빠가 어떻게 했는 줄 아니? 세상에! 뒤돌아서 반대 방향으로 가버 리는 거야. 오빠에게 나란 존재는 어땠는지 모르겠지만 적어도 함께하고 싶은 사이는 아니었나 봐."

친구의 이야기는 신선했다.

'아! 난 오빠가 있으면 마냥 좋을 거라는 환상만 가지고 있었는데 꼭 그런 것

만도 아니구나.'

친구의 이야기는 계속 이어졌다.

"우리는 숱하게 싸웠어. 새로운 공책 한 권, 엄마가 사 온 과자 한 봉지를 두고. 세상에 싸울 거리는 많다는 것을 보여주고 싶기라도 한 듯 말이야. 엄마는 낮에 일을 가셨어. 일을 마치고 돌아오시면 다음 날 먹을 간식을 사다 두시곤 했어. 난 다음 날 아침 등굣길이 너무너무 설레었지. 집에 돌아가 맛있는 간식을 먹을 생각에 집으로 돌아갈 시간을 얼마나 기다렸는지 몰라. 온종일 기다렸던 마음을 부여잡고 집까지 뛰었어. 간식이 있던 찬장을 열었는데. 글쎄! 그 많던 간식은 하나도 없는 거야. 그 큰 우유조차 한 방울도 남지 않은 거야. 실망한 등 뒤로 키득거리는 사악한 웃음만 들려왔지. 그때부터 난 엄마가 간식을 사오시면 반을 가져다가 서랍에 숨겼어. 자물쇠를 꼭꼭 채우고 집을 나섰지. 그렇게 간식을 사수하면서 살았어. 말도 마. 우리 남매 싸운 이야기 다 풀어헤치자면 몇 날 며칠 밤을 새워도 모자랄 거야."

친구의 이야기를 들으면서 난 형제, 자매, 남매에 대한 이해가 부족했다. 나스스로 너무 원했던 가족이었기에 막연하게 로망을 가졌던 것 같다. 어쩌면 나도 형제, 자매, 남매가 있었다면 실컷 싸웠을 텐데. 경험해 보지 못한 탓에 막연한 로망을 품고 있었다. 달리 특별한 일도 아니고, 싸울 수도 있다는 것을 받아들여야 한다는 진리를 깨우쳤다. 어른들이 애들은 싸우면서 큰다고 하는 말씀처럼. 원래 싸우면서 큰다고 생각하니 한결 마음의 부담이 덜해졌다.

"너!"

"메롱!"

왼쪽 귀엔 싸우는 소리가 들려온다. 오른쪽 귀엔 빨래가 다 됐다는 알람 소리가 들려온다. 양자택일의 갈림길에 서서 아이들을 택했다. 나는 그동안 아이들이 싸우는 것에 집중했다. 싸우는 대신 관심을 다른 곳으로 돌려보면 어떨까.

'아이! 그까짓 거 좀 천천히 하면 어때. 덜 싸우게 나도 아이들과 함께 놀자!'

셋이 되어 놀아보기로 했다. 굴러다니는 CD를 집어 들고, 아이들의 관심을 돌릴만한 놀이를 궁리했다. 싸우던 아이들도 시디를 들고 고개를 갸웃거리는 엄마가 궁금한지 관심을 보였다.

"아! 얘들아, 우리 물고기 만들어서 낚시할까?"

말없이 놀고 있던 두 녀석이 눈빛을 번뜩이며 달려왔다.

"물고기? 좋아!"

창현이는 신이 나서 방방 뛰었다.

"엄마, 물고기 어떻게 만들어? 빨리 만들자. 빨리빨리!"

효린이도 기뻐하며 얼른 자리에 앉았다.

못 쓰는 CD, 양면테이프, 가위, 나무젓가락 등을 가져왔다. 아이들은 호기심에 가득 찬 눈으로 나를 향해 레이저를 쏘았다.

"엄마, 이건 뭐 하는 거야?"

"엄마, 이건? 이건?"

테이프를 들며, 나무젓가락을 들며 대체 엄마와 뭘 만들지 궁금해하는 녀석들. 참으로 오랜만에 아이답고 사랑스러웠다.

"응, 엄마가 먼저 시범을 보여 줄게. 이건 이렇게 붙이고, 이렇게 꾸미고……. 어때? 물고기 같아?"

"응. 응. 너무 예뻐. 나도 해볼래. 해 볼래."

아이들은 입을 쌜룩이며 금세 물고기 만들기에 집중했다. 양면테이프를 떼야 하는데 잘 안 되는지 아이들이 내게 도움을 청했다.

"천천히 해도 되니까 한번 해봐. 잘할 수 있어."

다시 한번 이리저리하더니 효린이가 먼저 성공했다. 창현이는 잘 안 되는 모양인지 양면테이프와 씨름을 했다.

"효린이가 오빠 좀 도와줄 수 있어?"

"오빠, 내가 도와줄까?"

"응, 효린아 좀 도와줘."

"오빠, 이건 이렇게 하는 거야."

효린이가 도와주고 난 이후 창현이는 스스로 양면테이프를 잘 떼냈고 둘은 물고기를 완성했다. 물고기를 만드는 동안 둘은 단 한 번도 다투지 않았다. 오직 자신의 작품에 몰두했고, 서로 도움을 주고받았다.

'유레카!'

끙끙 앓으며 풀지 못했던 수학 문제가 풀렸다.

"사이좋게 지내야지, 양보해야지, 서로 도와줘야지."

끊임없이 잔소리해도 한쪽 귀로 듣고 한쪽 귀로 흘리던 녀석들이 서로 도움을 주고받았다. 다툼이 사라졌다. 아이들은 놀이를 하는 동안 전혀 싸우지 않았다. 오히려 도움을 주고받으며 소통했다. 단지 함께했을 뿐인데. 장난감 하나 던져주고 잘 놀길 바랐던 내가 얼마나 어리석었는지. 조금만 지혜를 내면 아이들을 더욱 좋은 길로 이끌 수 있는데! 집안일로 바쁘다는 핑계로 아이 둘을 마음대로 내버려 둔 내 업보였을지도 모르겠다.

저녁을 먹고 난 이후, 설거지를 빠르게 마쳤다. 아이들과 어서 함께하고 싶었다. A4 용지를 가져왔다. 아이들은 내 눈치를 보니 또 뭔가를 할 건가보다 싶어 달려왔다.

"엄마, 그림 그릴 거야? 뭐 할 거야?"

호기심이 발동한 녀석들이 다시 질문 공세를 해댔다.

"응. 엄마가 창현이랑 효린이 이름을 쓸 거야."

매직으로 큼직하게 아이들 이름을 쓱쓱 썼다. 창현이 5장, 효린이 5장. 아이들과 자기 이름을 직접 써 보고 자신의 이름을 충분히 보게 했다. 이후 바닥에 깔았다.

"얘들아, 이제 가서 자기 이름만 찾아오기 할 거야. 창현이는 창현이 이름을, 효린이는 효린이 이름을 찾아오면 돼. 한번 해 볼까?"

"네!"

아이들은 기다렸다는 듯 씩씩하게 대답했다. 창현이는 자신의 이름을 정확히 구분했지만, 효린이는 종이를 가져오기 바빴다.

"엄마, 이거 효린이 이름이에요?"

"글쎄. 오빠한테 물어볼까. 엄마도 잘 모르겠네."

"오빠, 이거 효린이 이름이야?"

"아니, 이거 창현이 이름인데?"

"하하. 미안. 내가 잘못 가져왔나?"

효린이와 창현이는 서로 도움을 주고받으며 몇 번이고 놀이 했다. 다툼 한번 없이.

"얘들아 우리 이번에는 '징검다리 건너기'를 해 볼까? 여기 이렇게 자기 이름을 깔고 깡충깡충 뛰는 거야. 자기 이름에만 뛰어야 해."

창현이와 효린이는 깔깔대며 뛰고 또 뛰었다.

"한 번 더! 한 번 더!"

퇴근해서 돌아온 신랑까지 참여해 우리 넷은 뛰고 또 뛰었다. 아이들은 끝나는 것을 아쉬워할 정도로 즐거워했다. 우리는 아이들을 선생님이라 부르며 학생처럼 행동했고, 아이들은 선생님이 된 양 즐거워하며 놀이를 했다. 시간 가는 줄 모르고 놀았다. 아이들도 나도. 싸움? 싸울 겨를이 어딨어. 뛰기도 바빠 죽겠는데.

연신 뛰어댄 통에 잠시 쉬고 있는데 아이들이 아쉬운지 둘이서 놀이를 좀 더 하다가 뛰어왔다. 아이들은 연신 '엄마가 최고야! 엄마 사랑해!'를 외쳤다. 내가 한 것은 그저 함께했을 뿐인데. 대체 왜! 해답을 구하려고 했던 내가 어리석었다. 내가 할 일은 이유를 고, 답을 구할 수학자가 아니라 변화를 꾀할 지혜로운 철학자가 필요했을 뿐인데. 단지 그뿐이었는데.

엄마도 날고 싶어!

"창현아, 우리 창현이는 뭐가 되고 싶어?"

꿈에 대한 책을 읽다가 문득 창현이도 꿈을 꿀까 궁금했다. 질문을 던져 놓고도 우스웠다. 질문을 받은 창현이는 이리저리 눈동자를 굴리다가 대답했다.

"엄마, 나는 날고 싶어. 하늘을 훨훨 날고 싶어."

예상치 못한 아이의 대답에 감탄하면서도 놀랐다. 마냥 어리게만 생각했던 창현이도 하고 싶고 되고 싶은 것이 있구나 싶은 것이 기특했다. 창현이는 양 팔을 옆으로 벌린 채 날갯짓하는 시늉을 하며 말했다.

"엄마, 이렇게 이렇게 날고 싶어. 새처럼. 이렇게 이렇게."

양옆으로 팔을 뻗어 휘젓는 아이의 손짓이 마치 아기 새가 두려움을 안고 첫 날갯짓을 하듯 앙증맞았다. 갑자기 효린이는 뭐가 되고 싶은지 궁금해졌다.

'창현이가 되고 싶은 것이 있다면 효린이도 있지 않을까?'

어린이집에서 효린이를 데리고 돌아오는 차 안에서 질문했다.

"효린아, 효린이는 이다음에 커서 뭐가 되고 싶어?"

내 질문에 아이는 입가에 은은한 미소를 띠며 하늘을 바라보며 고민했다.

"음······."

"뭐가 되고 싶냐면······."

"음, 그러니까······."

효린이는 되고 싶은 것이 많았다.

"음, 공주님! 아니, 왕자님, 아니 뽀로로. 아니······."

좋아 보이고 멋져 보이는 것은 계속 등장했다. 여느 아이처럼 되고 싶은 것이 많고 하고 싶은 것이 많은 모양인지 끊임없이 이야기했다. 되고 싶은 것이 많은 것만큼 행복한 일이 또 있을까. 효린이는 효린이 나름대로 사랑스러웠다. 아이들과 꿈에 관해 이야기를 한참 나누며 집으로 오고 있는데 라디오 뉴스에서 수능 관련 뉴스가 나왔다.

"학생들은 내일 치러질 수능을 대비해 예비 소집을 마쳤습니다. 내일은 편의를 위해 곳곳에 모범택시를 배치할 예정이며······. 듣기 평가가 실시되는 시간은 소음을 통제할 생각입니다."

'벌써 내일이 수능이구나. 1년 아니, 12년이라는 시간을 공부에 매달린 아이들을 위해 나라 전체가 이렇게 마음을 모으다니! 아마 시험 때문에 출근 시간도 조정하고, 순찰차를 동원하고 온 마음을 동원하는 나라는 우리나라밖에 없을 거야.'

보도를 곱씹다 보니 예전에 내가 치르던 수능이 떠올랐다. 난 수능 시험장을 두 해에 걸쳐서 방문했다. 한 번은 선배들을 응원하기 위해. 한 번은 직접 수능을 치기 위해. 선배들을 응원하러 가는 날 새벽 4시에 집을 나섰다. 버스가 없어서 친정 아빠가 수능 시험장까지 태워 주셨다. 텅 빈 도로 위에 아직 컴컴한 어둠이 내려 있었고, 코가 얼어붙을 만큼 추웠다. 시험장에 도착하니 텅 빈 도로는 벌써 차들로 가득했다. 하나둘 학교별로 응원을 준비하고 있었다. 그중에는 응원하기 좋은 자리를 차지하기 위해 전날 한쪽에서 텐트를 치고 숙박을 한 친구들도 있었다. 저절로 발이 동동 굴러지고, 손에서 불이 날 만큼 비볐다. 어둠과 한바탕 싸움을 마친 해가 어스름하게 올라오고, 주변이 밝아지기 시작했다. 선배들은 하나둘 등교하기 시작했다. 오늘은 선배한테 어떤 날인지 묻고 싶은 마음을 꾹꾹 누른 채 차와 사탕을 건넸다.

1년 후, 수능을 앞둔 전날, 오지 않는 잠을 억지로 청하며 누워 생각했다. 작년에 선배에게 묻고 싶었지만 물을 수 없었던 질문.

'당신에게 오늘은 어떤 날인가요?'

나는 질문에 대한 답을 꿈꾼 것 같다. 답을 가지고 집을 나섰다. 어둠과 햇살이 골고루 퍼진 새벽 공기를 가르며. 내가 꿈꾼 답이 뭔지 궁금하다고? 참 허무했다. 꿈속에서 나는 시험지를 들고 있었다. 빨간 색연필로 눈송이와 빗줄기를 줄기차게 그려가며. 시험지에 연필로 고민한 흔적이 보인다. 시험은 끝이 났나 보다. 느껴지는 감정은 노란색과 검은색이 교차한다. 수능 일이 나에게 어떤 날이냐고? 시험 보는 날. 눈송이를 하나라도 더 그리길 바라며 문제를 풀어가는 날. 가슴에 품고 가는 답은 시험을 보기도 전에 맥이 빠졌다. 시험을 지나 뭔가 모를 설레는 꿈에 다가가는 기회가 아니라 고작 시험뿐이라니! 부모님은 교문에서 인사하고 돌아가셨다. 후배들의 눈을 보며 '너는 그러지 말라.'는 안타까운 메시지를 전했다. 마냥 즐거워 보이는 그 녀석에게 전해질까에 대해 의심스러웠지만. 시험을 치르고 난 후, 그나마 나는 좀 나았다. 서클 활동을 하며 하고 싶은 진로를 결정했으니까. 친구들은 말했다.

"선생님이 내 점수로는 여기 여기 가면 된대. 여기 뭐 하는 데야?"

안타까웠다. 내가 무엇을 하고 싶은지, 내가 가는 곳이 어떤 곳인지 전혀 알지 못한 채 점수가 가리키는 곳으로 떠나야 하는 운명이 그저 안타까울 뿐이었다.

온 나라가 떠들썩하게 응원하는데 정작 당사자들은 동그라미 하나 더 칠 문제를 풀어가는 날일 뿐. 우리 아이들은 동그라미 하나 더 그리는 것에 만족하지 않았으면 좋겠는데. 시험을 치든 안 치든 하고 싶은 것이 있으면 좋겠는데. 하고 싶은 것을 하기 위해 시험을 치렀으면 좋겠는데. 온 나라가 떠들썩하게 응원하는 이 시험. 뭔가 주객이 전도된 것 같아 안타깝다. 내가 할 수 있는 일은 없을까. 주객을 바로 잡아주는 데 도움이 될 만한 일.

"엄마, 저기 나무에 빨간 사과가 달렸어. 나뭇잎이 많네."

길을 걷다 눈길을 사로잡는 열매와 꽃, 발길에 차여 바스락거리는 나뭇잎에도 민감하게 반응한다. 그 덕분에 열 보를 그대로 걸어가기가 힘들 때가 많다. 어쩌다 다른 생각에 잠겨 먼저 앞서 걸어가면 뒤에서 창현이의 목소리가 들린다.

"엄마! 여기 좀 와봐."

꼭 불러서 보여줘야 하고, 확인시켜주고 싶어 한다. 효린이는 또 어떤가.

"엄마, 저기 하늘 좀 봐봐. 하늘 색깔 좀 봐봐. 저기 하늘은 파랗고, 저기 하늘은 하얗고, 저기 하늘은 보라색이고……. 와. 정말 예쁘지 않아?"

그저 하늘색으로 단정 지어버린 하늘의 색깔을 하나하나 찾아준다. 감탄사를 연발하며. 차창 밖으로 펼쳐지는 풍경을 쉴 새 없이 전해준다.

"엄마, 저기 굴착기가 가고 있어. 와, 저기 로기 버스가 가네. 로기 버스가 고장 났나 봐. 내일 내가 고쳐줘야 할 것 같아. 와, 저기 새들 좀 봐. 참새가 엄청 많네."

두 아이는 자신의 눈에 펼쳐진 일상이 경이로움 그 자체이며, 호기심을 충족 시켜줄 대단한 존재들이다.

여기에 힌트가 있다. 답이 있다. 내가 할 수 있는 일.

'지금 내가 할 수 있는 일은 바로 일상에 충실하고 아이의 부름에 적절한 반응을 보여주는 것이야.'

나의 사소한 노력이 아이의 꿈을 자라게 하고, 아이가 하고 싶은 것을 막지 않는 길이다. 내가 할 일은 바로 이것.

"엄마, 뭐해?"

고민에 빠져 창현이가 부르는 소리를 미처 듣지 못했다.

"엄마?"

"아, 응. 창현아. 엄마가 무슨 생각 좀 하느라고. 무슨 일이야?"

"우리 숨바꼭질할래?"

"나도. 나도. 나도 할래. 엄마, 오빠랑 나랑 숨을게. 찾아봐."

뭔가 긴급한 일이 있어 부른 것 같았는데 고작 숨바꼭질이라니. 피식 웃음이 났다.

'아! 아니지. 아니지. 사소해 보이는 이 놀이에서도 아이들의 꿈이 자라고, 하고 싶은 일이 생길지도 모르는데.'

"좋아. 어서 숨어. 엄마가 찾을게. 꼭꼭 숨어라. 머리카락 보인다."

어디 있는지 빤히 보이지만 보이지 않는 척 여기저기 들락거렸다.

"까르르. 여기 있는데. 깔깔깔."

아이들은 뻥 뚫린 식탁 아래서 깔깔거리며 배꼽을 잡고 눈물을 닦았다. 엄마 가 찾지 못하는 곳에 숨었다는 희열과 엄마가 엉뚱한 곳을 찾아다니는 것에 즐거워했다. 아이들의 깔깔거리는 웃음소리가 식탁을 넘어 부엌을 가득 메울 즈음 식탁 아래로 고개를 숙였다.

"짜잔. 찾았다. 여기 숨었구나! 한참 찾았네. 호호호."

우리 셋은 식탁 아래에서 식탁이 들썩거릴 정도로 배꼽을 잡았다. 들린다. 아이들의 웃음소리가. 들린다. 아이들의 꿈 싹이 아주 작게 자라는 소리가. 들린다. 아이들이 하고 싶은 일이 부쩍부쩍 늘어가는 소리가.

엄마, 어디 가?

아이들을 태워주는 길. 콧노래를 흥얼거리던 효린이가 문득 어떤 생각이 났나 보다.

"아빠는 회사 가고, 나는 어린이집에 가고, 오빠는 유치원 가고⋯⋯. 음, 엄마는 어디 가?"

핸들을 잡은 손이 순간 경직됐다.

"음, 엄마는 어디 가냐면⋯⋯."

'나는 집으로 가는데.'

가는 곳은 집인데 집으로 간다고 입 밖으로 나오질 않았다. 아이는 아무 생각 없이 정말 궁금해서 던진 질문인데 나는 실로 심각해졌다. 아이에게 멋진 엄마의 모습을 보여주고 싶고, 아이가 수긍할 만한 그럴듯한 답을 들려주고 싶은데 현실은 입도 뻥긋하지 못했다. 집으로 돌아와 설거지, 빨래, 청소로 하루를 채운다는 이야기는 퍽 자존심이 상했다. 왠지 엄마만 노는 사람 같은 느낌이 팍팍 들었기 때문에.

그 순간 나는 집에 있는 엄마의 가치를 아주 싼 값으로 책정했다. 번듯한 정장을 입고, 향수 냄새를 폴폴 풍기며 삑삑 차 시동을 켜는 일하는 엄마의 가치를 높게 책정했고, 나는 스스로 집에서 노는 사람으로 과소평가하고 있었다. 얼마나 귀하고 숭고한 역할인지 모르는 채. 어쨌든 돈을 번다거나, 공부한다거나, 승진하는 등 눈에 띄는 성과가 전혀 없이 청소해도 제자리, 빨래해도 제자리, 설거지해도 제자리. 보이지 않는 성과는 나 자신을 과소평가하는데 일등공신이었다. 되려 남편이 가져오는 성과를 깎아 먹지는 말아야지 하면서 나를 위한 지출을 아꼈다. 왠지 나를 위한 지출은 충동구매가 아니면 과소비 같아 선뜻 마음을 먹지 못했다. "엄마는 어디가?" 라고 묻던 아이의 질문이 내 삶이 얼마나 서글픈지 새삼 직면하게 된 순간이었다. 가족들이 나에 대해 어떤 평가도 하지 않았지만 나는 그들이 나의 가치를 알아주지 않는 것만 같아 서운한 마음마저 들기에 이르렀다. 효린이의 질문에 어떤 대답도 하지 못한 채 등원시키고 집으로 돌아왔다.

'아니, 내가 이렇게 앉아 있을 때가 아니야. 일단 밖으로 나가자.'

대충 외출 준비를 하고 집을 나섰다. 엘리베이터 안 거울 앞에 섰다. 목이 늘어난 티셔츠와 통이 큰 청바지, 빗질 없이 질끈 묶은 머리에 우중충한 아줌마 한 명이 보였다.

'넌 누구니?'

내 모습이라고 인정하고 싶지 않을 만큼 초라했다. 피부엔 기미가 흩어져 있고, 하얀 새치들이 삐죽삐죽 튀어나온 꼴이란. 아직 30대 초반의 내 모습은 가히 실망스러웠다.

'나 그동안 뭐한 거니.'

엄마다운 엄마가 되고 싶어 소홀히 했던 책을 다시 펼쳤다. 하루를 쪼개 아이가 잠든 시간에 육아서를 들고 좋은 엄마가 되어 보겠다고 졸린 눈에 힘 줘가며 읽지 않았던가. 이유식이 뭔지도 모르는 초보 엄마가 비트, 콜리플라워 같은 이름도 생소한 채소들을 요리해 끼니마다 다른 이유식을 내놓지 않았던가. 하루에도 수십 번 욱하는 감정이 올라왔고, 상스러운 말을 담을 뻔했지만 오로지 아이에게 해롭다는 것을 되뇌며 꾹꾹 참았는데. 노력은 물거품이 된 건가! 지금은 흔적도 없이 사라진 노력 앞에서 허망한 마음만 남았다.

가족들은 나의 노력을 직접적으로나 간접적으로 느끼고 있을지 모르겠지만 내가 느끼기엔 아무도 엄마의 노력을 몰라주는 것만 같아 오금이 저렸다. 엘리베이터의 문이 열리고, 아파트를 나섰다. 참으로 오랜만에 나왔다.

'어디로 가야 하나.'

이리저리 돌아다녔지만, 딱히 갈 만한 곳이 없었다. 아침 10시에 헝클어진 주부를 '어서 옵쇼.' 하고 받아주는 곳은 딱 세 곳뿐이다. 편의점, 커피숍, 패스트푸드점. 이미 그곳엔 엄마들로 가게 안이 북적거렸다. 편의점을 지날 때도, 커피숍을 지날 때도, 패스트푸드점을 지날 때도 귓가에 들려오는 이야기는 비슷했다. 주제는 대부분 유치원, 어린이집, 아이였다. 간혹 '시'자 들어가는 이야기도 들려왔다. 지난해 자식 농사, 올해 자식 농사, 내년 자식 농사 이야기로 시끄러웠다. 예전 같았으면 나도 관심을 가졌을지도 모르겠다. 오늘 아침 아이에게 질문을 받은 뒤로는 자식 농사가 귀에 들어오지 않았다.

'나는 이제 내 농사 좀 지어야겠다.'

나는 얼마나 나에 대해 무심했었는지. 내 눈, 코, 입, 손, 귀, 발 등 신체부터 하루에도 수만 가지 생각이 지나가는 머릿속과 마음속을 들여다보지 않았다.

아이의 눈만 들여다봐도 몸을 비비 꼬는 몸짓만 봐도 무엇이 필요한지, 뭘 원하는지 눈치챘던 재빠른 엄마였다. 알아채기 위해 숱하게 스킨십을 했고, 사랑했고, 눈을 마주했고, 아이의 이야기에 귀 기울였다. 그저 온몸으로 느끼고 알아채려고 했다. 마치 연애를 시작한 여자 친구가 남자친구가 좋아하는 것, 싫어하는 것, 그의 기분 등등 하나라도 놓치고 싶지 않은 듯이 관찰하듯이 말이다. 아이를 키우는 동안 아이와 연애를 했다는 표현이 더 적합할지도 모르겠다. 오직 아이를 위한 마음으로. 아이만을 위해. 국민에 의해 국가가 움직인다면 내 삶은 아이에 의해 움직였다. 잘하건 못하건 좋은 엄마가 되기 위해 나름의 최선을 다했던 것은 분명하다. 하지만 그 안에 나는 없었다. 효린이는 엄마가 가는 곳이 궁금했겠지만 내게 들리기론 마치 '엄마 이대로 괜찮아?' 하고 묻는 것만 같았다. 만약 아이가 좀 더 커서 정말 '엄마, 이대로 괜찮아?' 하고 묻는다면 나는 정말 괜찮을까?

"오직 너를 위해 살았고, 너를 위해 앞으로도 열심히 살아갈 거야."

참 부담스럽겠다. 숨이 막히겠다. 내 어머니가 그랬던 것처럼. 머릿속엔 남편과 나에 대한 걱정으로 가득 찬 엄마의 머릿속. 제발 엄마가 가족 외에도 마음을 둘 수 있고, 즐거울 만한 일이 생기면 좋겠다고 얼마나 빌었던가. 그랬던 내가 나 역시 엄마의 길을 따라가고 있다고 생각하니 숨이 막힐 지경에 이르렀다

'이대로는 안 되겠다. 나를 찾자. 나를 위해 살고, 나를 위해 열심히 살자. 내가 갈 곳을 찾자. 내가 좋아하는 것, 하고 싶은 것, 되고 싶은 것은 뭘까.'

막상 떠올리려니 머릿속이 새하얘졌다. 생각하려 하면 할수록 머릿속은 더 하얘졌다. 어려운 것을 접어두고 쉬운 것부터 떠올려 보기로 했다.

'내가 좋아하는 커피는 어떤 커피지? 휘핑 올려진 달달한 커피? 담백하고 쌉

싸름한 아메리카노? 아니면 저렴하고 익숙한 커피 믹스?

하다 하다 베개도 고민해 봤다. 내가 숙면할 수 있는 베개를 써 보고 찾아보았다. 책은 어떤 책을 좋아하는지 적어보기도 하고, 텔레비전 프로그램은 어떤 프로그램을 좋아하는지 써 보기도 했다. 연애하듯 묻고 답하고 상상하고 기록했다. 광부가 금을 찾기 위해 끊임없이 돌을 깨고 깨는 것처럼 마음을 깨고 깼다. 오로지 나라는 금을 찾기 위해서. 보이지 않는 돋보기를 들고 걷고 또 걸었다.

"아니, 애도 아프고 병원 왔다 갔다 하느라 정신없을 텐데 글은 어떻게 써요?"

육아, 특히 다른 이들과 달리 좀 더 특별한 육아를 하는 탓에 나를 놓고 살았다. 잃어버린 나를 되찾고 싶은 심정으로 시작했다. 나를 찾아 걸어오다 보니 여기까지 글을 쓰고 있는 나를 발견하게 되었다. 마음으로 시작했던 것이 지금까지 왔을 뿐이다. 효린이의 질문에 당당하게 답할 수 있는 엄마가 되겠다는 마음으로. 아침에 눈을 떠서 공책을 펼쳐 들고 무언가 끄적이고 있으면 연필 굴러가는 소리를 들었는지 아이들이 하나둘씩 잠에서 깬다.

"엄마 뭐해?"

"응, 엄마 공부해. 공부하는 것이 엄마의 일이야."

책을 읽고, 공책에서 연필을 굴려대고 있으면 빤히 쳐다보던 아이들이 엄마가 일하는구나 싶어 자리를 뜬다. 요즘에는 효린이가 오빠에게 훈계하기도 한다.

"오빠, 엄마 일하는 중이니까 조용히 해야 해."

처음 시작했을 때만 해도 온갖 방해를 받았다.

"엄마, 나랑 놀자."

"엄마, 이건 뭐야?"

"엄마, 안아 줘."

"엄마, 쉬하고 싶어."

궁둥이를 붙이고 있을 짬이 없었다.

그래도 꿋꿋이 했다. 하루가 가고 이틀이 가고, 시간이 흐를수록 아이들은 엄마의 공부를 이해했다. 간절히 바라면 끌어당긴다고 하던가! 마침 듣고 싶던 글쓰기 강의가 개설됐다. 일주일을 고민했다. 창현이가 아픈 통에 하루에도 비상경고등이 몇 차례 울리는 나였기에 3회에 걸친 강의를 모두 수료할 수 있을지 자신이 없었다. 나를 위해 강의료를 내고 강의를 듣는 일은 왠지 부담스러웠다. 다 들을 수도 없을 것 같았기에. 입금 창을 열어 놓고도 내 손은 마우스 위에서 꼼짝하지 못했다. 컴퓨터 옆에 탁상 달력을 보니 첫 강의 날은 창현이 유치원에서 부모 참여 수업이 있는 날. 부모 참여 수업을 빼고 강의를 가야 한다. 강의를 가는 시간 동안 아이들을 누군가에게 부탁해야 한다. 창현이가 언제 아플지도 몰라 들을 수 없을지도 모른다. 걸리는 것이 한두 가지가 아니었다. 감수하고 갈 수 있을까? 고민해도 마음의 갈등만 생길 뿐 뾰족한 수는 없을 것 같았다.

'에라 모르겠다. 가면 가는 거고, 안 되면 안 되는 거고.'

마우스 왼쪽 버튼을 꾹 눌러 버렸다. 신청을 마쳤다. 신청은 마쳤고, 다음 관문은 남편을 설득해야 했다.

"사실, 나 글쓰기 강의 신청했어. 글쓰기에 대해 강의를 듣고 공부를 더 해보고 싶어."

"여건이 되면 듣는 것도 좋을 것 같아. 해 봐."

"첫날이 부모 참여 수업인데 강의와 겹쳐서……. 갈 수 있다면 강의를 선택하고 싶어. 하고 싶은 것을 선택하고 싶어. 아이들도 엄마가 좋아하는 일을 하고 행복할 때 좋아하지 않을까?'

"그래, 하고 싶은 쪽으로 해 봐."

남편은 일단 통과. 어디까지나 강의를 듣는 동안 아이들을 돌봐 줄 사람이 있다는 숨은 전제 아래 통과였다. 부탁하면서도 고개를 들 수가 없었다. 못난 딸은 엄마의 삶보다 자기의 삶을 택하겠다고 제 어미에게 자식새끼들을 부탁하고 있었으니.

"엄마, 듣고 싶은 강의가 있는데……. 이번 주부터 토요일마다 3번 강의가 있어. 갈 수 있을까?'

엄마도 흔쾌히 돕겠다고 했다. 나를 위해 엄마의 시간을 빼앗는 것 같아 정말 죄송했지만 이번만은 다른 사람에 대한 생각은 접어 두기로 했다. 오직 나를 위한 시간을 만들기로 작정했으니까. 마지막 장벽 우리 창현이. 운에 맡기기로 했다. 고민해 봐야 답은 없으니까. 글쓰기 강의를 들을 수 있는 운명이라면 아이가 도와줄 거라고 믿음을 가졌다. 어떻게 됐을까. 나는 세 번의 강의를 모두 수료했다. 책에서 보던 작가님의 강의를 듣는 영광과 글 쓰는 삶으로 본격적인 인도까지 받는 호사를 누리다니!

알람을 끄고 식탁에 앉아 공책을 폈다. 연필을 굴리고 있는데 덩달아 일찍 일어난 남편과 아이들이 나를 향해 속닥거린다.

"얘들아, 엄마 멋지지?'

"응, 아빠. 엄마 정말 멋져."

"엄마는 공부 열심히 해. 엄마는 일하는 중이야."

나를 위해 달려온 시간과 노력의 가치가 와닿는 순간이었다. 날개가 있으면 날아가고 싶은 심정. 효린이의 물음에 답할 수가 있을 것 같았다.

"엄마는 공부하러 가."

그곳이 도서관이든 커피숍이든 집이든 공원이든 장소 따위는 중요하지 않았다. 내 삶이 가고 있는 보이지 않는 그곳이 진정 중요한 것이다. 내가 구해야 할 정답은 편의점도 커피숍도 패스트푸드점도 아닌 내 삶이 가고자 하는 그곳이라는 것을.

아침에 일찍 일어난 효린이가 내게 말한다.

"엄마는 공부해. 나는 옆에서 책 볼게."

아이의 한 마디에 감동하여 눈물을 쏟아낼 뻔했다. 아이는 어느새 나를 뒤따라오고 있었다. 방긋방긋 웃으면서. 마치 '엄마가 행복해 보여서 참 좋아.'라고 이야기하는 듯했다.

"효린아, 그렇게 이야기해주니 엄마가 정말 감동하였어. 고마워."

"엄마가 좋으니 나도 좋아. 엄마, 이제 일해."

나는 너를 위해 내 모든 것을 바쳐도 좋다고 생각했지만 아이는 달랐다. 엄마도 즐겁고 행복했으면 좋겠다고. 엄마가 되지 않았다면 아이들이 없었다면 내가 이만큼 성장했을까.

"효린아, 고마워. 사랑해."

"나도 사랑해. 엄마."

엄마, 축하해

창현이의 기침 소리가 심상치 않다. 컹컹거리고 열이 오르락내리락하는 것이 그간의 경험에 비추어 볼 때 불길한 예감이 스친다. 마침 뇌 신경과 외래 진료일이라 아이를 함께 데리고 갔다.

"그럼, 2주 뒤에 약을 증량해서 2주 후에 봅시다."

"참, 그리고 교수님, 아이가 기침을 심하게 해요. 콧물도 약간 나고요. 열도 지금은 내렸는데 어제까지 열도 오르락내리락했었어요. 혹시 약 처방을 따로 받을 수 있을까요?"

"아, 그래요. 일단 진찰부터 해 봅시다."

창현이의 등에 청진기를 올려놓은 교수님이 떠날 줄을 몰랐다. 한참 동안 아이의 폐 소리에 집중하시는 교수님 덕에 숨을 제대로 쉬지 못했다. 내 숨소리가 정적을 깨뜨릴 것 같아서.

"호흡하는 소리가 좋지 않네요. 폐 소리가 그렁그렁 하는 것이 폐렴인 것 같습니다. 식이요법 하는 아이들은 한순간에 악화가 될 수도 있고, 지방 흡인성 폐렴으로 진행될 수도 있습니다. 입원해서 치료합시다."

평소에는 입원도 잘 권유하지 않을뿐더러 입원 결정을 단번에 내리지 않는 분이라 뭐라 이야기할 겨를도 없이 입원 절차를 밟았다. 입원실이 없어 30분이 넘도록 간호사가 한참을 전화한 끝에 겨우 병실을 구했다. 창현이의 상태가 좋은 것 같지 않다고 짐작은 했지만, 막상 입원이라고 하니 한숨이 나왔다. 퇴원한 지 일주일 만에 다시 입원이라니. 주치의가 와서 반가움 반, 안타까움 반인 얼굴로 병실에 찾아왔다.

"창현아, 왜 또 왔어. 선생님이 여기 자주 오지 말라고 그랬잖아. 그래도 우리 창현이 다시 보니 반갑긴 반갑다."

"딱 일주일 만이네요. 교수님이 웬만하면 입원 안 시킬 텐데 창현이는 식이요법 하니까 위험할 수 있다고 입원하자고 하네요."

엄마와 주치의는 한숨 반, 농담 반 섞어가며 이야기를 나누는데 창현이는 우리 마음을 아는지 모르는지 그저 신이 나서 뛰어다녔다.

뛰어다니던 아이를 앉히고는 일주일 전 신물 나게 실랑이 한 바늘이 다시 등장했다. 아이는 바늘을 보자마자 치워 달라고 떼를 쓴다. 혈관이 얇은 데다 워낙 바늘을 많이 꽂아 꽂을 데가 없어 애를 먹는다. 어김없이 몇 번을 뺐다 꽂았다 반복한 끝에 실랑이가 끝이 났다.

아이는 울먹였다. 잠시 병원에 왔다 갈 줄 알았을 테니 아이에게도 억울하고 황당한 상황일 테지. 땀에 젖은 환자복이 축축했다. 축축한 등을 어루만졌다.

"창현아, 많이 힘들었지. 우리 창현이 씩씩하게 잘했어."

"흑흑, 어떻게 해. 이제 꼼짝도 못 하잖아. 집에 못 가잖아."

안타깝고 미안한 눈빛으로 바라보던 간호사와 나는 창현이의 한마디에 어이없는 웃음을 터뜨리고 말았다. 아이와 함께하면 심각한 상황인데도 아이 덕에 그래도 웃는다. 아이 덕에 울고, 아이 덕에 웃고. 그래. 네 말이 맞다. 손에 바늘이 있으면 집에 못 가네.

"창현이 얼른 나아서 바늘 빼고 집에 가자. 호흡기 치료 열심히 하고, 식이요법 잘 하면 선생님이 빼 주실 거야. 선생님 빼 주실 거죠?"

"응, 창현아. 잘 먹고, 치료 열심히 해서 빨리 낫자. 선생님이 제일 먼저 빼 줄게. 우리 창현이 얼른 집에 갈 수 있게. 자, 뽀로로 밴드 하나 줄게."

아이는 간호사가 건넨 뽀로로 밴드를 받았다. 나머지 한 손으로 눈물을 닦으며. 네 눈물은 고작 뽀로로 밴드 하나에 풀릴 정도의 눈물이었나 싶어 다시 한번 웃음이 났다. 언제 그랬냐는 듯 눈물을 닦는 놀라운 회복력을 보면 놀랍다. 이래서 아이인가 싶기도 하고. '바늘이 싫어, 병원 가기 싫어.' 하면서도 웃고, 떠들고, 눈물을 닦는 아이의 회복 탄력성은 가히 놀랍다. 5살 아이도 두렵고 무서운 바늘을 이겨내는데 곁에서 지켜보기만 하는 내가 힘들다, 괴롭다 쓰러질 자격이 있는지 다시 한번 돌아본다. 어쩔 땐 아이가 보여주는 회복 탄력성이 지친 나를 일으키게 하기도 한다. 두려움을 내려놓고 도전하게 만든다.

그 날, 병원에서 4시간 동안 내가 만들어 낸 도전도 창현이 덕분이다. 입원실에서 지낸 지 5일째 날. 창현이는 낮잠을 자고, 곁에서 아이를 지켜보다 스마트폰을 켰다. 지인의 SNS에 들어갔다가 '경남 독서한마당' 개최 소식을 접했다. 한 문장, 한 문장 읽어 내려가는데 어느 시인의 비유처럼 가슴이 심하게 진자운동을 했다. 참여 기준, 연령 등 하나하나 조항을 살펴보던 중 성인 부문 독서 감상문이 눈에 들어왔다.

'혹시 내가 읽었던 책이 있을까.'

선정 도서 목록을 쭉 읽어 내려가던 중에 신영복 선생님의 '담론'을 발견했다. 이 책이다! 마침 최근에 읽은 책이니 해볼 만했다. 기한……. 기한이 언제까지인지 살펴보던 중 멈칫했다. 내일까지. 오 마이 갓! 기사를 읽고 있는 지금 저녁 8시.

'할 수 있을까? 더군다나 책도 없고, 노트북도 없는데. 있는 거라곤 딸랑 핸드폰 하나인데. 그냥 이번엔 포기할까. 아무래도 무리가 아닐까.'

언제나 나의 직관을 방해하는 그 녀석. 그 녀석이 목소리를 내기 시작했다. 무리라고. 불가능하다고. 안 될 거라고.

체념해야 하나 한숨을 내쉬며 고개를 들었다. 새근새근 자는 창현이.

'너라면……. 너라면 어떻게 할까? 너는 다치건 넘어지건 네 것이 아니 건 달려가는 아이지. 일단 해 보겠지? 생각 안 할 거야. 아무것도. 오직 하고 싶은 마음만 보고 도전할 거야. 하다가 넘어지고 다쳐도 너는 또 할 거야. 너는 오뚝이니까. 너는 밤새 경련하고 아픈 몸으로도 힘든 내색도 없이 유치원으로 달려가는 아이니까.'

창현이는 할 거다. 왜? 하고 싶으니까. 아이도 하는데. 하자. 하자. 해 보자. 마음이 그 녀석을 밀어내기 시작했다.

'안 되면 그만이지. 기대는 버려. 할 수 있다는 것이 어디야? 이가 없으면 잇몸으로 한다는 데. 까짓것 한번 해 보자.'

먼저 어떻게 시작할까? 스마트폰을 들여다보며 고민을 했다. 원고지 1200자 분량이란다.

'1200자인지 어떻게 알지? 원고지에 써 봐야 알 텐데. 혹시…….'

스마트폰 어플을 뒤졌다. 있다. 원고지 앱이. 역시 참 좋은 세상이다. 어플이 내게 확신을 가져왔다. 꼭 쓰라는 신의 선물 같았다. 원고지 앱에다 대고 독서 감상문을 쓰기 시작했다. 연습장도 노트도 없다. 그저 한 자 한 자 집게손가락으로 터치해 나갔다. 신의 선물은 원고지 앱만이 아니었다. 신영복 선생님의 《담론》 역시 신의 선물이었다. 하필 지금 나에게 주어진 책. 5권의 선정도서 중에 유일하게 읽은 책 한 권. 기억을 더듬어 책을 떠올렸다. 독서 기록 앱에 남겨 두었던 《담론》 속 명문장을 찾았다. 감옥에서도 평온을 찾고 삶의 길을 찾던 선생님. 지금 병실에서 이 글을 쓰고 있는 나와 어딘가 모르게 닮은 것 같았다. 곁에서 선생님 특유의 온화한 목소리로 강의를 해 주시는 것 같았다. 나는 그저 불러 주시는 것을 받아 적기만 할 뿐. 글을 쓰면서 간호로 지쳐가던 심신에 숨을 불어 넣어주는 것 같은 생명의 힘을 느꼈다. 기뻤다. 아니, 환희였다. 아니 뭐라고 설명해야 하지. 뭔가 모를 뜨겁게 벅차오르는 그 감정을 대변할 단어가 없을 정도로 활활 타올랐다. 타올랐던 불길이 타닥타닥 재가 되었을 무렵, 독서 감상문도 끝이 났다. 1,200자를 채운 글을 메모장에 옮겼다. 인터넷 접수창을 열어 붙여넣기를 시도했다. 모바일에서 붙여넣기가 되질 않는다. 한글 문서 양식으로 파일 첨부를 해야 한다. 그 녀석이 슬슬 시동을 건다.

'그거 봐, 내가 애초에 뭐라 그랬어. 안 될 거라 그랬잖아. 괜히 잠도 안 자고 헛수고만 했네. 지금이라도 관두고 그냥 잠이나 자.'

안 돼. 그 녀석의 유혹에 빠지면 안 된다. 진정하자. 진정하자. 숨을 고르자. 괜찮다. 괜찮다. 할 수 있다.

'자, 당황하지 말자. 접수만 하면 끝이다. 어떻게 하면 좋을까.'

메일을 열었다. 메일 내용에 내가 작성한 글을 모두 붙여넣기를 했다. 한글 워드로 어떻게 변환해야 하는지, 어디에 들어가서 어떻게 첨부해서 보내야 하는지 상세하게 썼다. 메일을 보냈다. 집에서 자고 있을 남편에게! 일단 보내고 누웠다. 새벽 1시. 딱딱하고 좁은 보호자용 간이침대에 몸을 뉘었다. 바닥에서 찬 기운이 올라오고, 좁은 탓에 새우잠을 자는 불편한 침대가 오늘따라 포근하고 푹신한 것이 오랜만에 숙면을 취할 수 있을 것 같았다. 다음 날 아침, 눈을 뜨자마자 전화했다. 출근 전 여유 시간이 있는 남편에게 어젯밤 있었던 이야기를 하며 메일 내용을 설명했다.

"자세한 내용은 메일로 다 보내놨어. 확인해 보고 내가 첨부해 둔 주소로 보내주면 돼. 혹시 모르겠으면 연락 줘. 부탁해."

"야, 대단하다. 병원에서 그것도 스마트폰으로 쓸 생각을 하냐."

잠시 후 남편으로부터 문자가 왔다.

'접수 완료.'

"야호!"

조용한 병실에서 벌떡 일어나 소리치고 말았다. 겸연쩍은 얼굴로 다른 보호자들에게 인사를 하고 자리에 앉았다. 해냈다. 접수를. 결과에 상관없이 마음이 마구 요동쳤다.

"창현아, 오늘 엄마가 창현이 덕분에 독서 감상문 접수했다. 정말 고마워. 다 창현이 덕분이야."

물론, 창현이는 알아듣지 못하겠지만 꼭 이야기해주고 싶었다. 네 덕분에 엄마가 용기를 얻고 도전할 수 있다는 것을. 네 덕분에 힘을 내서 살고 있다는 사실을. 그런데 돌아온 창현이의 대답에 나는 또 한 번 "야호!"를 외치고 말았다.

"엄마, 축하해. 나도 고마워."

창현이는 머리 위로 두 팔을 뻗어 세상에서 가장 예쁜 하트를 그려줬다. 아! 도전의 결과가 궁금하다고? 감사하게도 수상의 영예까지 안는 영광을 얻었다.

당신은 최고 엄마야!

컴퓨터 창을 열어놓고 케톤식이를 만드느라 여념이 없을 때였다. 케톤식이 요법은 재료별로 계산된 정량을 지켜야 한다. 요리하면서 엑셀 파일을 들여다 보기는 난생처음이다. 식품 영양사가 된 마냥 식품별 용량을 확인하고 계량하 면서 요리를 했다. 4구짜리 가스레인지 위에는 프라이팬 하나, 냄비 두 개가 연 신 지글거렸다. 창현이 요리는 프라이팬에서 달달 볶이는 중이다. 나머지 냄비 는 효린이가 먹을 국과 남편이 먹을 국을 거품 물고 끓고 있다. 아이들이 이유 식을 할 때, 가스레인지 위에 냄비 3개를 올려 이유식 세 종류를 만들곤 했다. 마치 다시 이유식을 만드는 것 같다고나 할까. 타지 않게 연신 저어주고, 볶아 주느라 내 손이 쉴 새 없이 바빴다. 요리가 완성되고, 몇 가지 밑반찬을 함께 내 놓았다. 밥상이 점점 있어 보이는 자태를 뽐내기 시작할 무렵 들려오는 기분 좋은 소리.

"당신 상이라도 줘야겠다."

"상? 뜬금없이 웬 상타령이야?"

"곁에서 보면 진짜 대단해서 상이라도 하나 줘야 할 것 같아."

남편은 엄지를 치켜세우며 칭찬했다. 칭찬은 고래도 춤추게 한다는데 빈말이라도 남편이 칭찬을 해주니 굳었던 심장이 말랑해지는 것 같았다.

"정말? 말이라도 칭찬해주니 기분 좋다."

"당신이 아니면 식이요법을 어떻게 계속 할 수 있었겠어. 창현이가 좋아할만한 것 매일 고민해서 만들어 주잖아. 정말 대단해. 나라면 그렇게 못할 것 같아. 당신 덕분에 창현이도 매번 맛있다고 하면서 먹고. 나중에 창현이가 엄마가 얼마나 고생했는지 알아야 할 텐데."

더 잘하라고 없는 말 하는 건지, 정말 칭찬하는 건지 알 길은 없지만 어쨌든 기분 좋게 칭찬을 잘 버무려 요리를 완성했다. 오늘따라 숟가락이 가벼운 것 같은 느낌은 기분 탓일까. 힘들어 좌절하고 싶을 때 남편의 힘이 컸다. 아이가 아프고 절망이라는 단어를 온몸으로 체험했다. 목숨을 여러 번 내놓을 뻔했다. 아이를 키울 자신이 없다며 현관문을 몇 번이나 열었다가 닫았다. 내 입에선 연신 쓰레기 같은 말들이 쏟아져 나왔다. (자세한 내용은 내 첫 책에 서술되어 있어 더 이상 언급하지 않겠다.) 내 쓰레기를 조용히 치워준 청소부가 남편이었다.

"그래, 당신 힘들지. 나라면 못할 텐데. 당신 정말 대단해."

내 눈빛이 어떻든 간에, 내 말투가 어떻든 간에 한결같았다. 심정이야 달랐겠지. 때론 아프고, 때론 미안하고, 때론 괴롭고, 때론 사랑스럽고. 나를 대하는 태도는 한결같았다. 따뜻하게 위로하려 애썼고, 안아주려 했고, 돕고 싶어 했다. 현관 문고리를 여는 게 미안하고, 쉽지 않았다는 사실을 알면서도 모른 척했다.

"당신은 집에서 혼자 힘든데 나만 나가서 편하게 있다가 오는 것 같아서 미안해."

얄미웠으니까. 미안해도, 괴로워도 너는 나갈 수 있으니까 좋겠다며 비아냥거렸으니까. 하지 말아야 할 이야기까지 서슴없이 하는 그런 잔인한 여자가 나였다.

"저기 벽에 걸린 결혼사진에 해맑게 웃는 나 좀 봐. 과거로 돌아가 저 애를 다시 만날 수 있는 날이 온다면 정신 차리라고 얘기해주고 싶어. 뭐가 좋다고 저리 실실거리는지. 안 그래?"

"……."

남편은 어떤 지적도 비난도 하지 않았다.

"당신이니까 창현이를 돌보는 거야. 아무나 하지 못해. 정말 대단해."

언제나 그 자리 그대로였다.

근래에 갑자기 궁금해서 물었다.

"창현이 아프기 시작했을 때 당신도 운 적이 있어?"

"그럼. 몰래 혼자 운 적 많지. 당신이 힘들어하는 것도 미안하고, 창현이에게 아무것도 해줄 수 없는 것도 슬프고. 얼마나 아플까 싶기도 하고."

남편도 힘들고 슬펐지만 내가 더 힘들다는 것을 알기에 내색하지 않았던 모양이다. 나는 비뚤어진 마음을 드러내기 바빠서 남편의 속내를 알아주지 못하는 매정한 아내였다. 언제나 나를 지지해준 사람. 1년에 책 1권을 읽을까 말까 한 내가 우연히 접한 책 1권으로 책 쇼핑을 하기 시작했다. 택배 아저씨는 거의 매일 책을 한 권씩 배달했다. 오죽하면 단숨에 온라인 서점 최고 등급이 되었을까. 도서관에 갈 시간도 형편도 되지 않았기에 사고 또 샀다. 내게 집 밖으로 나갈 자유는 없었으니까. 나도 수입이 있다면 모를까 슬슬 눈치가 보이기 시작했다. 그마저도 비꼬고 말았다. 나는.

"책값 많이 들어서 어째. 그래도 할 수 없어."

"무슨 소리야. 정말 대단해. 대체 책 읽을 시간이 어디 있어? 애 보면서 책도 읽고 정말 대단해. 나중에 우리 애들도 엄마 책 읽는 모습 보고 책 열심히 읽겠다. 밖에 자유롭게 나가지도 못하고, 하고 싶은 것도 마음대로 못하게 하는 것 같아 미안했는데 스스로 즐거운 일을 찾아주고 더군다나 그게 독서라니! 난 정말 기뻐."

"나, 듣고 싶은 강의 있는데 갔다 와도 돼?"

점점 오만해진 나는 강의까지 들먹이기 시작했다.

"다녀와. 몇 번 되지도 않는데. 바람도 쐬고. 지난번에 휴일 근무한 것 있어서 대체휴가 쓰고 하루 쉬면 돼. 애들은 내가 볼게. 갔다 와."

책을 읽고, 강의를 듣고, 글을 쓰는 시간. 살림에는 조금 소홀해지고, 나는 좀 더 피곤해지고, 가족들에겐 썩 좋게 바뀌었다거나 할 게 없는 변화. 가족들은 차츰 나의 변화에 적응하기 시작했다. 시간이 흐르고 계절이 바뀌고. 여전히 살림은 예전보다 소홀하고, 냉장고가 지저분해졌다. 딱 한 가지만 빼고. 비뚤어진 나는 제 자리를 찾기 시작했다. 감정의 기복이 심해 하루에도 여러 번 화를 냈다가 울었다가 웃었던 나는 평온해졌다. 불평불만만 쏟아내던 내 입은 "고맙다, 감사하다."고 이야기했다. 스스로 긍정적으로 변화하고 있다는 것을 느꼈다. 변화는 오로지 내 힘으로 일궈냈다고 생각하는 오만함은 버리지 못했다. 잘난 척을 하기 시작했다. 책을 읽지 않는 남편에게 책을 읽으면 얼마나 좋은지 연설을 해댔다. 이 만큼이라도 읽어보라며 책 속에 좋은 구절을 사진 찍어 메시지로 보냈다. 남편은 잘난 척을 받아주며 잘 읽었다고 공감의 답변을 보내오곤 했다.

그런데 오늘 요리하는 등 뒤에서 들려온 남편의 한 마디는 나의 오만함과 잘난 척을 산산이 부숴 버렸다. 조금이라도 사람다워지고 성장한 내 뒤에는 묵묵히 나를 지지한 남편의 힘이 컸다는 사실을. 작은 것에도 칭찬해 주며 나를 격려하고, 아껴 주었던 남편의 사랑이 있었다는 사실을. 이제야 깨달은 것이다. 책 속에 좋은 구절을 읽고, 지성을 쌓으면 뭘 하는가! 책을 읽지 않는 남편의 넓은 마음보다 옹졸한 것을.

'아! 내가 이렇게 소중한 것을 놓치고 있었구나. 항상 내 곁에는 잘한다, 잘한다고 해 주고, 대단하다며 엄지를 치켜세워준 남편이 있었는데. 고작 책 몇 권 읽고서는 남편에게 잘난 척했던 것인가!

부끄러워하는 내 마음을 아는지 모르는지 남편은 계속해서 나를 하늘로 붕 띄웠다.

"좋은 엄마가 되어 보겠다고 육아서도 열심히 읽고, 식이요법도 이렇게 정성 들여서 하는 엄마가 어디 있냐. 상 줘야 해. 최고 엄마상."

"이제 그만 하늘로 날려. 기분 좋아서 착륙하지 못할 것 같아. 그리고 고마워. 늘 나를 믿어주고 지지해 줘서. 다 당신 덕분이야."

"무슨. 내가 뭘 했다고."

식탁 가득 한 상이 차려졌다.

"여보, 잘 먹을게."

"엄마, 잘 먹겠습니다."

아직도 뜨거운 불의 온기를 떨어내지 못했다는 듯 찌개는 보글보글 끓기를 멈추지 않았다. 남편은 평범한 찌개와 밥그릇을 왔다 갔다 하며 연신 맛있다고 했다. 아이들도 앉아서 맛있다며 쩝쩝거렸다.

"애들아, 맛있지? 엄마 요리가 최고다. 그치? 당신 요리는 정말 맛있어."

남편은 맛있다며 엄지를 치켜세워주고 국물을 떠먹기 바빴다.

평범한 요리도 이렇게 맛있게 먹어 주며 언제나 나를 지지해 주는 내 분신인 당신. 당신이 있어 나의 일상이 더 행복합니다. 늘 묵묵히 내 뒤에서 잘한다고 칭찬하며 받쳐 주는 당신. 정말 고맙습니다. 사랑해요, 당신.

덜 익은 사과도 감사합니다

처음 유치원에 입학하던 날, 처음 학교에 입학하던 날, 직장에 출근한 첫날, 결혼식을 올리던 날, 아이의 임신 소식을 알았던 날, 아이를 출산하던 날, 많은 사람이 찾아와 아이의 첫 생일을 축하해 주던 날. 무언가 시작하는 가슴 뛰는 첫날. 기쁜 소식에 가슴이 벅차 덩실덩실 춤이라도 추고 싶었던 그때. 어떤 시련도 생각하지 않았다. 고난과 역경이 내 인생에서만큼은 비켜 갈 거라고 순진하게 믿었다.

라디오 주파수가 맞지 않아 자잘한 잡음은 들렸을지 몰라도 방송 차질 없이 순조롭게 이어졌다. 새벽닭이 울 때 출근했다. 밤하늘 별들의 섬광이 절정에 이르렀을 때 퇴근했다. 괜찮았다. 견뎠다. 누구나 고달프게 산다고. 가끔 걸려 오는 친구들의 한숨 섞인 전화를 받으며 괴롭다 힘들다 투정하는 것은 배부른 소리라고 생각했다. 큰 아이를 임신하고 열 달이라는 시간 동안 모로 누워 자는 고통을 감수하면서도. 목구멍이 타는 듯한 위액이 입 밖으로 역류할 때에도. 견딜 만했다. 세상의 모든 엄마에 새삼 존경을 표하며 모두가 겪는 일임을 겸허히 받아들였다. 출산이 임박하고서도 배 속의 아이를 달랠 만큼 여유로운 엄마였다. 여유로운 엄마인 줄만 알았다.

"양파야(창현이 태명이 양파였다), 엄마는 어제 아빠를 졸라서 대게를 먹고 왔단다. 너를 순풍 낳으려면 보양식을 먹어야 한다면서 말이야. 엄마는 괜찮아. 엄마는 잘할 수 있을 거야. 사람들이 배 위에 덤프트럭이 지나가는 고통이라는 둥. 커다란 수박이 몸 밖으로 나오는 고통이라는 둥. 출산에 대한 영웅담을 늘어놓곤 한단다. 엄마도 사실 무척 두려워. 고통을 참아낼 수 있을지 얼마나 아플지 가늠이 되질 않아서 무섭기도 해. 그런데 의사 선생님이 오늘 이야기해 주셨어. 엄마가 느끼는 고통보다 아기가 나올 때 느끼는 고통이 훨씬 크다고. 아기는 그 고통을 견디고 세상 밖으로 나오는 거라고. 엄마가 두려워하고 소리를 많이 지르면 아기에게 불안과 두려움이 고스란히 전해진다고 말이야. 선생님의 말씀을 듣고 나니 엄마가 강해져야겠다는 생각을 했단다. 엄마는 견딜 거야. 참아낼게. 우리 양파도 엄마와 함께 힘을 합쳐 견디자. 우린 잘할 수 있을 거야."

배가 살살 아프기 시작할 때 진통을 언제까지 겪어야 하는지 덜컥 겁이 났다. 아침 6시.

"저기…… 이 정도 진통이면 아이가 몇 시쯤 나올까요?"

"한 서너 시면 낳을 수 있겠네요."

세상에! 지금 느끼는 진통을 아니 더 큰 진통일지도 모를 고통을 대략 9시간이나 겪어야 한다니! 더욱 답답한 것은 내가 선택할 수 있는 것이 고작 눈을 감고 숨을 쉬는 일뿐이라는 사실이었다. 다행히 아이는 시간을 절반 뚝 잘라 앞당겨 태어났다. 의사 선생님의 수고했다는 한마디를 듣고서야 9시간 진통 지옥에 빠지지 않은 것을 다행으로 여기며 의식의 끈을 놓았다. 앞당겨 나와 준 아이에게도 깊은 감사를.

깊은 감사의 유통기한은 아쉬울 만큼 짧았다. 내 입에선 온화한 어머니의 모습이 아니라 사뭇 계모 같았다고나 할까. 백설 공주의 신데렐라의 헨젤과 그레텔의 콩쥐처럼. 바라는 것은 또 왜 그렇게 많아지는지……

"아휴, 창현아. 엄마가 높은 곳에 올라가면 다친다고 했잖니. 어서 내려와."

"아니, 아니. 그러는 것이 아니라. 이렇게 해야지."

그래도 거기까진 봐줄 만했다. 하늘에서 벼락이 떨어지기 전까지는. 창현이가 왜 아파야 하지? 대체 우리 가족이 왜 이렇게 고통받아야 하는 거지? 견딜 수가 없었다.

마음의 고통에 밴드를 붙여줄 겸 1박 2일 여행을 떠나기로 한 전날. 간식이며 옷이며 캐리어가 배가 불러 죽겠다고 토할 만큼 가득 담았다.

"엄마, 우리 어디 가?"

"응. 내일 동물원도 가고, 바닷가도 가고 재미있는 곳에 놀러 갈 거야."

예쁜 펜션을 예약했다. 구경할 곳도 정해놓았다. 오랜만에 떠나는 가족여행은 괴로웠던 마음도 잠시 내려놓고. 오랜만에 엄마의 정겨운 콧노래는 아이들의 기분까지 정겹게 했다. 딱 거기까지였다. 창현이는 밤새 여러 차례 경련했다. 여행을 가기 위해 들뜬 마음을 함께 싸둔 캐리어는 병원으로 향했다.

캐리어를 산지도 어언 2년째. 우연히 텔레비전 채널을 돌리다가 홈쇼핑에서 멈췄다. 평소에 비싸서 엄두를 내지 못했던 고급 캐리어 4종 세트를 아주 저렴하게 판매했다. 구성 세트로 저렴하게 판매 광고를 보았다. 하나 있는 캐리어는 4가족 짐을 꾸리기에 작다 싶었는데 반가운 마음으로 얼른 구매했다. 펼이

들어가 반짝거리는 보라색 아니 퍼플이 더 어울리겠다. 퍼플 4종 세트로. 캐리어를 구매할 때만 해도 캐리어의 주된 방문지가 병원이 될 거라고 생각하지 않았다. 산호초와 하얀 모래가 아름다운 외국은 아니더라도 국내 여기저기는 끌고 갈 수 있을 거라 생각했다. 기대는 착각이었다. 새것을 증명하는 보호 비닐은 여기저기 찢기고, 모서리에는 긁힌 자국에 검은 바퀴는 잦은 주행으로 많이 닳았다.

바퀴가 닳은 캐리어를 질질 끌어다 침대 아래 욱여넣었다. 좁고 긴 보호자 침대를 꺼내 털썩 앉았다. 침대 위에 파묻힐 듯 늘어져 있는 아이를 보았다. 반쯤 뜬 눈에는 붉은 실핏줄이 보인다. 아이를 바라보고 있는데 의지와 상관없이 시선이 계속 흐려진다. 닦고 또 닦아내어도 아무 감정도 없는 것이 떨어지고 또 떨어진다. 내 입은 바싹바싹 타는 것 같다. 입 한 번 벙긋거리려고 할 때면 마른 입술이 쩍쩍 갈라지는 것 같아 다물어버렸다. 닦아야 하면 닦고, 입혀야 하면 입히고, 먹여야 하면 먹이고, 재워야 하면 재울 뿐. 정신을 차린 아이는 미동이 없는 엄마의 마른 입술을 보며 침만 꼴깍꼴깍 삼켰다. 너의 탓이 아닌데. 내 눈빛은 말했다. 불행한 건 모두 너 때문이라고.

병실의 문이 열렸다.

"하느님 믿으세요. 그분이 도와주실 겁니다."

옹졸한 나는 뒤에서 들리는 말에 시선 한 번 주지 않았다. 누워 있는 아이와 차가운 내 등으로 번갈아 시선을 던지던 사람은 조용히 문을 닫고 나갔다.

'아니, 신이 있으면 병을 낫게 해주고, 행복할 수 있게 도와줘야 하는 거 아냐. 이렇게 처참하게 사람을 짓밟는데, 신이 돕긴 뭘 돕는다는 거야!'

속으로 온갖 불평과 불만을 뱉었다 주워 담기를 반복하고 있는 찰나.

"엄마, 물. 물."

창현이는 물을 쏟았다는 시늉을 하며 웅얼거렸다. 휴지를 찾아 거칠게 닦았다. 짜증 나 죽겠는데 밥 먹다가 시트에 물까지 쏟는 녀석이 마음에 들지 않았다.

"엄마, 쉬. 쉬."

오줌이 마렵다는 아이에게 소변기를 가져다 대려는 순간 시트에 쏟아지는 아이의 소변이 원망스러웠다. 내 손에, 내 소매에 옮겨붙은 소변을 휴지로 벅벅 닦아냈다. 새 시트를 받아와 가는 내내 짜증과 원망, 분노가 하늘을 찔렀다. 아이를 다시 침대에 올리려고 뒤를 돌았다. 삐걱거리는 보호자 침대에서 맨다리를 드러낸 채 서 있는 아이. 눈동자가 떨렸다. 엄마의 일거수일투족을 살피느라. 떨리는 눈동자가 사과했다.

'엄마, 미안해. 엄마, 미안해. 엄마, 화내지마. 무서워. 엄마, 화내지마.'

다리에 힘이 풀려 창현이의 옆에 털썩 주저앉았다.

'이 아이. 내가 무사히 태어나주기만을 기도하며 진통하는 순간까지도 나보다 걱정되고 토닥인 소중한 아인데. 아무것도 필요 없다고 건강하게 태어나주기만 하면 된다고 그토록 바랬던 아인데. 너, 그랬잖아. 무사히 태어나줘서 고맙다고. 네가 있어 행복하다고.'

닦고, 입히고, 굳은 근육들이 떨리기 시작했다. 메마른 눈에 물이 차오르고, 굳었던 손발은 막혔던 피가 통하듯 짠한 전율이 느껴졌다. 마치 고해성사를 하는 것처럼. 온몸이 흐느끼고 있었다. 참회하는 심정으로. 부드러워진 팔 근육으로 움츠르든 아이를 안았다. 피가 도는 뜨거운 손으로 아이의 등을 쓰다듬었다. 한마디도 하지 않다. 떨리는 팔 근육과 뜨거운 손을 아이가 피부로 느꼈으면 했다. 떨리는 팔은 미안하다 사과했고, 뜨거운 손은 막다른 골목으로 밀어 넣은 나를 용서해 달라고 빌었다.

"애들아, 부족한 엄마라서 미안해. 부족한 엄마에게 와 줘서 고마워."

나와 아이들은 나무에 매달려 있다. 시들어가는 사과꽃 아래 불완전하게 매달려서. 아직 불완전한 사과다. 덜 익었다. 새파랗고, 풋풋한 사과 향도 나지 않는다. 겉으로 보기엔 볼품없다. 허나 그 속내는 열심히 물을 빨아들이고 있다. 피부는 쉴 새 없이 햇살을 빨아들인다. 언젠가 행복의 향이 물씬 나는 빨간 사과가 되는 꿈을 꾸면서. 그래. 괜찮아. 덜 익어도 괜찮아. 설사 덜 익은 채 끝나버려도 괜찮아. 우리들이 사과가 되어 가려고 애쓰는 지금이 소중한 거야. 조금만 더 힘내자. 견디자 우리. 신이시여! 덜 익은 사과 같은 삶도 감사합니다.

엄마, 나는 행복합니다

'엄마.'

통화를 끝내고 스마트폰 전원을 끄기도 전에 전화기가 다시 울린다.

"수빈아, 너 혹시 부산에 안 가 볼래?"

"부산에? 부산에는 왜?"

"엄마 아는 사람한테 이야기했더니 잘하는 스님이 있단다. 사람 딱 보면 약이 왜 잘 안 듣는지 안다고 해. 그걸 풀어주고 나면 싹 낫는단다. 그 스님 만나서 나은 사람도 많다고 하더라. 전국으로 다녀서 잘 없단다. 중국에 배우러 갔다가 마침 내일 온다고 해. 내일 가면 만날 수 있단다. 거기에 한 번 가 보자."

"엄마, 이제까지 우리 많이 했잖아. 이제 그런 미신은 그만하자. 이제까지 한 것만 해도 충분해. 창현이 낫게 해 보겠다고 이것저것 해 봤지만, 애만 고생시키고 별 차도도 없었잖아."

"아이고. 낫는다 하면 뭐든 해 봐야지. 혹시 모른잖아."

엄마는 한숨 섞인 목소리로 부산에 가 보길 애원하셨다.

"엄마, 창현이가 원인도 모르고, 아픈데도 안 나타나면야 당연히 가지. 뇌파에 경기파가 나오고, 이미 병을 진단받았잖아. 그리고 우리 정말 할 만큼 했잖아. 이제 그만하자. 나도 창현이도 더 미신 때문에 고생하는 일은 안 하고 싶어."

압력밥솥에서 김이 빠지는 것처럼 거친 숨소리만 들렸다.

"엄마, 고마워. 엄마가 이만큼 우리를 걱정해 주고 신경 써 주고 있다는 사실은 정말 감사해. 무관심할 때 더 슬플 거야. 그렇지만 이제 이런 치료 방법은 그만했으면 해. 우리는 이미 할 수 있는 걸 거의 다 해 봤고, 안 된다는 거 뼈저리게 경험했잖아. 이 병에 대한 연구도 많이 하고 있고 하니까 좋은 약이 나오든 창현이가 좋아지든 나중에 좋아지는 날이 올 거야. 그렇게 생각하자."

"그래, 알았다. 좋아지겠지. 네가 안 간다고 하면 할 수 없지. 쉬어라."

체념하신 모양이다. 엄마의 마지막 말에는 아쉬움이 가득했다. 엄마가 말하는 곳에 다녀오는 것쯤은 아무것도 아니다. 하지만 우리는 이미 그렇게 많은 희망 고문을 당했다. 아이는 아이대로. 나는 나대로. 그들은 의욕 충만한 얼굴로 다가와 쉽게 포기해 버리고 떠나갔지만 남은 우리는 상처를 회복하는데 많은 에너지를 써야만 했던 세월. 이제 다시는 희망 고문에 기대 시간과 에너지를 소모해버리는 일을 하지 않겠다고 결심했던 나였기에 엄마의 제안을 미안하지만 단호하게 거절했다.

며칠 뒤, 저녁 식사 준비로 한창 바쁜 시간 전화기가 울린다.

"네, 아버지. 식사하셨어요?"

"어, 우리도 이제 먹으려고. 너희는 먹었나?"

"아, 나도 지금 준비 중이에요. 이제 먹을 참이에요."

"그래, 아들은 잘 있고?"

"네, 잘 있어요. 지지고 볶고 잘 놀고 있어요. 호호."

"그래, 수빈아. 혹시 창현이 태어난 시간이 언제지? 엄마가 10시 어쩌고 하던데."

기억을 더듬어 아이들이 태어난 시간을 불렀다. 같이 더듬거리시며 읊는 아버지의 목소리를 유추하건대 받아 적으시는 모양이다.

"왜요? 어디 뭐 보러 가시게요?"

"응. 엄마하고 어디 갈 데가 있다."

아버지는 서둘러 전화를 끊으려 하셨다. 미신을 그만하자고 결사반대를 했으니 그럴 만도 했다. 서둘러 끊으시려는 아버지의 성급함에는 더 묻지 말았으면 좋겠다는 암묵적인 메시지가 담긴 것 같았다. 이제 그만해도 괜찮다는 말씀을 드리려다가 모른 척해버렸다. 아무것도 할 수 없는 현실이 늘 가슴 아프고 안타까운 어른들이다. 어쩌면 점쟁이에서 빈말이라도 "괜찮다, 낫는다."는 말을 듣고 싶은 것 같았기에.

"예, 식사 챙겨 드세요. 내일 또 연락드릴게요."

"오냐, 너희도 맛있게 먹어라. 끊는다."

아버지와 통화를 끊고 저녁준비 하던 것을 마무리해서 아이들과 저녁을 먹었다. 저녁을 먹는 내내 아버지와의 전화가 머릿속을 떠나지 않았다.

'어디 가시려고 그러실까. 점을 보러 가려고 그러시나. 점도 숱하게 봐서 그만해도 될 텐데.'

시집 보내면 걱정은 끝인 줄 알았더니! 딸이 낳은 눈에 넣어도 아프지 않은 손주가 병에 들었다. 내 딸은 매일 매일 전전긍긍 가시밭길이다. 부모님 눈에 비친 나는 늘 걱정이다.

"어휴, 시집 가면 끝인 줄 알았는데 더 큰 산이 있네."

어른들이 하시는 일을 무턱대고 반대만 했던 나. 나와 아이에게 닥친 일에 눈이 멀어 어른들의 마음을 읽지 못했다. 애처로운 딸을, 아들을 보며 아무것도 해줄 수가 없는 부모의 심정. 밤마다 아이와 씨름하는 딸과 아들을 보는 양가 어른들의 심정이 어땠을까. 아픈 아들과 눈치를 보는 딸을 보며 가슴 졸이는 나의 그것과 다르지 않겠다는 생각을 했다.

'부모님의 마음을 읽어 드려야겠다. 내 마음을 진솔하게 전해야겠다. 걱정을 내려놓을 수는 없더라도 덜어 드려야겠다.'

자식 된 도리로 부모님께 해드릴 수 있는 일이 이것 아니겠는가! 입버릇처럼 젊은 애들이 하고 싶은 것, 놀고 싶은 것 참고 병원에만 쫓아다니는 꼴이 안쓰럽고 애처롭다는 어른들. 솔직히 맞다. 그랬다. 그렇게 생각했다. 남들 꽃놀이 가고, 해외여행 가고, 유치원 잘 다니고 잘만 사는데 내 인생은 왜 이 모양인지 원망하던 때가 있었다. 하지만 지금은 아니다. 조금 사는 모습이 다를 뿐. 다른 내 삶에도 행복이 있다는 것을 만끽하며 사는 요즘이다. 알려드리고 싶었다.

'저는 행복합니다. 저희는 행복하게 살고 있습니다.'라고. 비록 바뀐 것은 없다손 치더라도. 장문의 메시지를 남겼다. 진솔한 마음을 담아.

아빠, 딸이에요.

항상 걱정해 주시고, 응원해 주셔서 감사해요. 뭔가 답답해서 하시는 것을 말릴 생각은 없어요. 다만, 창현이가 꼭 나아야 하는데 하는 집착은 버리셨으면 좋겠어요. 누구나 아프잖아요. 아픔의 크기가 다르고, 시기가 다를 뿐이죠. 그렇게 생각하면 남들과 조금 다를 뿐이고, 조금 빨리 아플 뿐이에요. 그래도 우리 가족은 행복하게 잘 살고 있어요. 엄마, 아빠가 결국 바라는 것은 우리가 행복한 길이잖아요. 행복하게 사는 것은 마음에서 오지 주어진 환경에서 오지 않아요. 창현이는 언젠가 좋아지는 날이 올 거에요. 하지만 그렇지 못한다 하더라도 충분히 행복하게 살 수 있어요. 우리는 지금 충분히 행복해요. 하고 싶은 것도 충분히 하고요. 남과 조금 다르게 살 뿐이에요. 우리가 불행해 보여서 행복하게 해 주려고 하는 노력이라면 그만하셔도 괜

참아요. 이 병을 연구도 많이 하고 있으니 도움받는 날이 꼭 와요. 아직 시기가 아닐 뿐이에요. 우리 긍정적으로 생각하고 감사해 하며 주어진 환경에 행복하게 생각해요.

낳아주시고 길러주셔서 감사합니다. 부모님도 이제 걱정은 내려놓으시고 엄마아빠가 행복한 일을 하시길 바라요. 사랑합니다.

사랑하는 딸 드림

메시지를 확인했다는 표시가 뜨고 나서 3~4분이 흘렀을까.

"저녁 먹었니? 메일 잘 받았어. 호호. 그래, 잘 될 거야. 쉬어라."

전화는 간단했다. 나는 어떤 말도 할 겨를 없이 엄마의 이야기를 듣고 끊었다. 아니, 엄마가 먼저 끊으셨다. 목소리는 경쾌하셨다. 원하던 점괘를 받은 사람처럼 희열에 가득 찬 목소리. 짧은 이야기는 행복을 더욱 견고하게 해주는 것만 같아 내 기분까지 경쾌해졌다. 엄마의 짧은 이야기는 내게 '그래, 그럼 되었다. 행복하면 되었다.'하고 안심하는 메시지로 들렸다.

나는 이제 밤마다 경련하는 아이에게 '밤손님이 찾아온다'고 표현한다. 밤손님이 아이를 아끼는 마음에 약간의 고통을 일부러 주시는 것이라고. 허공에다 대고 밤손님을 향해 이야기한다.

"감사합니다. 덕분에 잠이 얼마나 소중한지 일깨워주셔서. 30분이라도, 40분이라도 사이사이 아이가 숙면하게 도와주셔서 감사합니다. 그러니 오늘 밤은 쪼금만 고생시켜 주세요."

이 상황이 아이에게도 나에게도 괴롭고 절망스럽지만 유쾌하게 넘겼으면 좋겠다. 우주에서 바라보면 아무것도 아닌 일인 것처럼. 그렇게 작고 유쾌하고 행복하게 넘겼으면 좋겠다.

'밤손님, 오늘 밤도 조금만 하고 봐 주실 거죠?. 후후.'

마치는 글

"행복합니까? 대체 뭐가 행복하죠?"

사람들의 눈에는 아닌가 봅니다. 아니면 행복하면 안 되나 봅니다. 그마저도 아니라면 당연히 불행한 삶인가 봅니다. 사실 저는 행복하냐고 묻는 사람들에게 묻고 싶습니다.

"행복하신가요?"

행복의 기준이 뭘까요. 저는 아이들과 스킨십을 자주 하는 편입니다. 아침에 자고 일어나 스킨십. 유치원에 다녀와서 스킨십. 놀다가 스킨십. 눈을 맞추면 우리는 자연스럽게 스킨십을 하는 것 같습니다. 아직 아이가 어린 덕에 스킨십이 더 자연스러울 수도 있습니다. 포옹하고, 뽀뽀합니다. 여기까진 여느 엄마와 다를 바 없겠죠. 저는 여기다가 한마디 추가합니다.

"사랑해. 감사해. 축복해. 행복해."

아이들은 사랑, 감사, 축복, 행복의 뜻을 모를 때부터 스킨십과 함께 접했습니다. 살과 살이 부딪히는 느낌으로 각 단어의 의미를 알게 된 것 같습니다. 지금은 아이들도 자연스럽게 제 등을 토닥이며 이야기합니다.

"엄마, 사랑해. 감사해. 축복해. 나, 정말 행복해."

대체 '행복'이 무엇일까요. 친정 부모님은 한때 말씀하셨습니다. 전화벨이 울리고, 저희 부부의 이름이 뜨면 겁이 덜컥 나신다고요. 아이가 아플 때마다 SOS를 한 탓입니다. 현실은 불행해 보일지 몰라도 저와 가족들은 행복하다는 이야기를 자주 드렸습니다. 아이들이 해맑게 웃는 사진을 종종 보내 드리기도 하고요. 요즘은 부모님이 전화를 기다리십니다. 또 어떻게 행복하게 보내는지 궁금해하십니다. 물론 여전히 큰 아이의 병을 걱정하시지만, 예전처럼 불안해하지는 않으십니다. 걱정해도 현실은 달라지지 않습니다. 제가 산 증인입니다. 친정 부모님이 밤새 눈물을 흘리셨습니다. 친정엄마와 전화기를 붙들고 울기도 했습니다. 밤새 다른 아이의 완치 사례를 찾으며 걱정을 숱하게 했습니다. 평생 할 걱정을 2, 3년 동안 다 할 만큼 걱정을 했습니다. 달라진 건 아무것도 없었습니다. 아니, 달라지긴 달라졌네요. 어제보다 더 불행하게. 어제보다 더 괴롭게. 어제보다 더 우울하게 제 마음이 달라졌습니다.

어느 날, 평생 이렇게 불행하고, 괴롭게 살아갈 나를 생각하니 끔찍했습니다. 제가 이 세상에 태어났을 때, 누구도 저의 불행을 빌지 않았을 겁니다. 건강하고 행복하게 잘 살아가길 빌었을 테죠. 기도와 다르게 저는 불행을 선택해 살아가고 있었습니다. 마음을 바꾸기로 했습니다. 행복하지 않아도, 감사할 것이 없어도, 축복을 빌어줄 만큼 여유가 없어도 묻지도 따지지도 않았습니다. 그냥 그렇게 믿고 행복을 선택하기로 했습니다. 아이가 식이요법(뇌전증 치료 방법 중 하나입니다.)을 시작했을 때가 그 정점이네요. 다들 걱정했습니다.

"그 힘든 걸 어떻게 하려고 하니. 아이 건강 해친다. 제대로 못 먹으면 어떻게 하려고 그래."

'이제 나는 아예 아이에게 매여 살아야 하는구나. 내 인생은 어디로 간 거야? 내가 무슨 잘못을 했길래. 아, 아이와 온종일 뭐하지. 식이요법 식단은 안 먹는 아이들은 온종일 씨름한다는데 어쩌지. 답답하다. 답답하다.'

사람들의 이야기에 제 마음이 자꾸 변하려 하는 겁니다. 눈을 감았습니다. 귀를 닫았습니다. 밀고 들어오는 걱정을 과감히 밀어냈습니다. 이미 시작하기로 결정했으니까요.

"하면 된다. 할 수 있다. 길이 열릴 거야."

믿음을 가졌습니다. 저 자신에게. 아이에게. 비록 식이요법은 이렇다 할 성과 없이 3개월이 지나고 끝이 났습니다. 이 한 문장만 봤을 때 어떠신가요? 3개월 안에 녹여든 노력과 좌절은 느끼지 못하시겠죠? 소주 컵 반 컵씩 들이켜야 하는 올리브 오일. 방울토마토 두 알에 반 주먹도 되지 않는 양의 고기와 채소. 그마저도 올리브 오일에 흠뻑 담가져 있는 식사. 아이는 늘 배가 고팠습니다. 늘 속이 거북했습니다. 접시를 던져버려도 이해가 될 식사인데 그래도 견뎌냈습니다. 아니, 웃으면서 맛있다고 엄지를 들어줬습니다. 저는 끊임없이 아이가 좋아할 만한 재료를 찾았고, 레시피를 찾았습니다. 오빠의 눈치를 봐야 하는 딸은 몰래 세탁실에서 끼니를 해결하곤 했습니다. 3개월은 우리 가족에게 그런 시간이었습니다. 불행했을까요? 마냥 행복하기만 한순간은 아니었지만, 결코 불행하지 않았습니다. 속이 거북해지면 기다려주고 다독였습니다. 먹기 싫은 식단을 함께 요리하며 즐겼습니다. 이건 비밀이지만 큰 아이 몰래 입속에 간식거리를 주워 담으며 배고픔을 달랬습니다. 몰래 먹는 스릴은 다들 아시지요? 나중에 아이가 알게 되면 서운해할까요? 어쨌든 우리 가족은 현실에 불만을 느끼거나 비난하지 않았습니다. 하루하루 안에서 사소한 기쁨과 즐거움을 찾기 위해 애를 썼습니다.

분명 앞으로도 아이의 병이 낫지 않는다면 우리 가족은 다른 가족과 조금 다른 삶을 살아가게 될 겁니다. 방향은 예측할 수 없지만 조금씩 다른 길을 선택해야 할 때가 올 것 같아요. 다른 삶이지 틀린 삶도 아니며, 불행한 삶도 아닙니다. 돌 전에 30조각 짜리 퍼즐을 맞추던 아이가 손바닥만큼 작은 사이즈도 맞추기 힘들어졌다고 해서 절대 불행하지 않습니다. 다시 배우면 되고, 퍼즐 좀 못해도 행복과는 아무 상관이 없습니다. 어떤 조건에서도 행복할 수 있다는 것을 전하고 싶었습니다. 생김새가 조금 다른 우리 가족도 행복한 하루하루를 보내고 있음을 보여주고 싶었습니다. 그리고 저 자신에게 전하는 메시지이기도 합니다. 하루하루 감사한 일과 기쁨이 넘쳐나는 기적 같은 행복을 누리고 있다는 것. 기쁘다, 행복하다, 감사하다고 느끼면서도 일상에 젖어 들면 희미해질 때가 있거든요. 이 책을 덮고, 느껴보세요. 아이의 미소. 남편의 아주 사소한 배려. 그리고 세상에서 가장 소중한 나의 심장 소리. 이 모든 것을 누리고 있다는 자체로 우리는 이미 행복한 가족이 아닐까요?

당신의 행복을 응원합니다. 사랑합니다. 감사합니다. 축복합니다.